모바일
지도 서비스

여행 가이드북 〈지금, 시리즈〉○

구글 맵 속으로 쏙~

http://map.nexusbook.com/now/

KB116680

**" 지금 QR 코드를 스캔하면
여행이 훨씬 더 가벼워진다. "**

플래닝북스에서 제공하는 모바일 지도 서비스는
구글 맵을 연동하여 서비스를 제공합니다.
구글을 서비스하지 않는 지역에서는 사용이 제한될 수 있습니다.

지도 서비스 사용 방법

QR 코드를 스캔 후
정보가 필요한
지역을 클릭!

← 지금, 런던

1 지역 목록 보기

관광 명소 목록 보기 2

3 친구와 지도 공유하기

시티오브런던

4 지도 전체 화면

구글 지도앱 보기 5 구글 지도 앱으로 연동하여
지도 서비스 이용하기

MY TRAVEL PLAN

Day 1

Day 2

Day 3

Day 4

Day 5

TRAVEL PACKING CHECKLIST

Item	Check	Item	Check
여권	■		■
항공권	■		■
여권 복사본	■		■
여권 사진	■		■
호텔 바우처	■		■
현금, 신용카드	■		■
여행자 보험	■		■
필기도구	■		■
세면도구	■		■
화장품	■		■
상비약	■		■
휴지, 물티슈	■		■
수건	■		■
카메라	■		■
전원 콘센트 · 변환 플러그	■		■
일회용 팩	■		■
주머니	■		■
우산	■		■
기타	■		■

지금, 런던

지금, 런던

지은이 맹지나
펴낸이 임상진
펴낸곳 (주)넥서스

초판 1쇄 발행 2017년 10월 10일
초판 2쇄 발행 2017년 10월 15일

2판 1쇄 발행 2018년 11월 15일
2판 2쇄 발행 2018년 12월 5일

3판 1쇄 발행 2020년 2월 28일

4판 1쇄 발행 2022년 8월 25일
4판 2쇄 발행 2022년 8월 30일

출판신고 1992년 4월 3일 제311-2002-2호
10880 경기도 파주시 지목로 5(신촌동)
Tel (02)330-5500 Fax (02)330-5555

ISBN 979-11-6683-354-0 13980

www.nexusbook.com

21

Now
London

맹지나 지음

두 번, 세 번 찾아도 매번 새로운 결을 보여주는 곳을 여행하는 것만큼 행복하고 신나는 일은 없다. 변덕스럽고 궂은 날씨 때문인지, 런던은 두터운 외투를 여러 겹 입고 있는 도시다. 처음 만난 후로부터 십 년이 지나서야, 비로소 조금 알 수 있을 것 같다고 느낀다.

런던은 선이 굵은 도시, 강한 인상을 남기는 멋진 여행지다. 시간이 지날수록 천천히 스며드는 여행지가 있는가 하면 처음 마주하는 순간부터 숨을 멎게 하는, 소리를 지르게 만드는 곳들이 있다. 런던은 도착하는 그 순간부터 여행자를 흥분케 한다. 유서 깊은, 찬란한 역사의 흔적을 더듬는 낮 시간의 열기는 런더너들의 생명수인 홍차와 맥주, 예고 없이 후두둑 떨어지는 빗방울로 식힌다. 밤이 내리면 뮤지컬과 재즈, 클럽과 스피크 이지 바로 도시의 분위기는 더욱 고조된다. 방공호를 연상케 하는 오래된 튜브와 빨간 이층 버스를 타고 이동하는 시간도 여행의 즐거운 일부가 되며 일반화할 수 없는 다면적인 런던 사람들의 매력에 잠시라도 한눈팔 틈이 없다. 큰 기대를 품

고가도 그 이상으로 채워 주는 매혹적인 런던을 기꺼이 숨 가쁘게 여행하는 데 함께 할 수 있는 책이기를 바라며, 가장 보여 주고 싶은 런던의 모습들을 담았다.

여행 작가로 가장 많이 받는, 그리고 가장 대답하기 어려운 질문 중 하나는 특정 여행지에 얼마나 오래 있어야 다 볼 수 있느냐는 것이다. 서울에만 평생을 살아도 서울을 속속들이 모두 알 수는 없는 것처럼 런던을 '다 본다'거나 '모두 안다'고 대답할 수 있는 여행 기간이라는 것은 없다. 《지금, 런던》을 읽고 나서 가 보고 싶은 것, 해 보고 싶은 것, 먹어 보고 싶은 것과 느껴 보고 싶은 것들에 대한 그림이 그려진다면, 그리고 이에 따른 여행을 즐겁게 계획할 수 있다면 참 좋겠다.

맹지나

미리 떠나는 여행 1부. 프리뷰 런던

여행을 떠나기 전에 그곳이 어떤 곳인지 살펴보면 더 많은 것을 경험할 수 있다. 런던 여행을 더욱 알차게 준비할 수 있도록 필요한 기본 정보를 전달한다.

01. 인포그래픽에서는 한눈에 런던의 기본 정보를 익힐 수 있도록 그림으로 정리했다. 언어, 시차 등 알면 여행에 도움이 될 간단한 정보들을 담았다.

02. 기본 정보에서는 여행을 떠나기 전 런던에 대한 기본 공부를 할 수 있다. 알아 두면 여행이 더욱 재미있어지는 런던의 역사와 문화, 휴일, 축제, 날씨 등 흥미로운 읽을거리를 담았다.

03. 트래블 버킷 리스트에서는 후회 없는 런던 여행을 위한 핵심을 분야별로 선별해 소개한다. 먹고 즐기고 쇼핑하기에 좋은 다양한 버킷 리스트를 제시해 더욱 현명한 여행이 될 수 있도록 안내한다.

지도에서 사용된 아이콘

관광 명소	쇼핑	식당	커피숍	박물관
튜브역	기차역	호텔	교회, 성당	공원
학교	시장	관광 안내소		

알고 떠나는 여행 2부. 헬로 런던

여행 준비부터 구체적인 여행지 정보까지 본격적으로 여행을 떠나기 위해 필요한 정보들을 담았다. 자신의 스타일에 맞는 여행을 계획할 수 있다.

01. HOW TO GO 런던에서는 여행 전에 마지막으로 체크해야 할 리스트를 제시하여 완벽한 여행 준비를 도와준다. 출입국 과정과 주의해야 할 사항, 런던의 교통 정보까지 제공하고 있다. 알고 있으면 여행이 편해지는 베테랑 여행가의 팁도 알차게 담았다.

02. 추천 코스에서는 언제, 누구와 떠나든 모두를 만족시킬 수 있는 여행 플랜을 제시했다. 여행 전문가가 동행과 여행 스타일을 고려한 다양한 코스를 짰다. 자신의 여행 스타일에 맞는 코스를 골라서 따라하기만 해도 만족도, 즐거움도 두 배가 될 것이다.

03. 지역 여행에서는 지금 여행 트렌드에 맞춰 런던을 근교 포함해서 12개 지역으로 나눠 지역별 핵심 코스와 관광지를 소개했다. 코스별로 여행을 하다가 한 곳에 좀 더 머물고 싶거나 혹은 그냥 지나치고 다른 곳을 찾고 싶다면 지역별 소개를 천천히 살펴보자.

04. 추천 숙소에서는 런던의 개성 넘치고 고급스러운 부티크 호텔부터 말이 필요 없는 럭셔리 품격 호텔과 따뜻한 정과 맛있는 밥이 있는 한인 민박까지 다양한 종류의 숙소를 소개한다. 더불어 호텔을 고르는 팁과 호텔 예약 시 주의해야 할 사항을 담았다.

지도 보기 각 지역의 주요 관광지와 맛집, 상점 등을 표시해 두었다. 또한 종이 지도의 한계를 넘어서, 디지털의 편리함을 이용하고자 하는 사람은 해당 지도 옆 QR코드를 활용해 보자. 구글맵 어플로 연동되어 스마트하게 여행을 즐길 수 있다.

여행 회화 활용하기 여행을 하면서 그 지역의 언어를 해보는 것도 색다른 경험이다. 여행지에서 최소한 필요한 회화들을 모았다.

contents

프리뷰
런던

헬로
런던

Hello[헬로]

LONDON

위치
영국 남동부

면적
약 1,572km²

인구
약 890만 명

종교
기독교(59.3%), 이슬람교(4.8%), 힌두교(1.5%) 외

United Kingdom

- 국호 **영국**(영국연합왕국) Unites Kingdom of Great
  Britian and Northern Ireland
- 수도 **런던** London
- 면적 24만 3,610 km²
- 인구 6,708만 명(2020년 기준)
- 종교 기독교, 이슬람교, 힌두교
- 정치 의원내각제
- 언어 영어

언어
영어

시차 여름 서머타임에는 8시간 빠름
한국이 9시간 빠름

거리
인천-런던 약 12시간

전압 콘센트는 유럽형 3구
240v

London

기 본 정 보

여행지에 대해 알고 떠나면 여행이 더 알차고 즐거워진다. 날씨, 여행 포인트 등 런던에 대해 알아본다.

런던
역사

'강한 자의 동네'라는 뜻의 켈틱어 '론디니오스 Londinios'에서 이름을 따온 런던은 AD 43년에 로마인들에 의해 세워졌다. 처음 도시의 크기는 지금의 하이드 파크 남짓한 크기였으며 위치는 현재 런던의 금융가 일대인 '시티오브런던'이었다고 한다.

흑사병과 대화재, 산업 혁명과 제1, 2차 세계 대전을 겪고 수많은 왕조를 거쳐 온 21세기의 런던은, 방콕 다음으로 세계에서 두 번째로 가장 많은 여행자가 찾는 최고의 관광 도시이자 유럽 금융, 문화의 중심으로 빛나고 있다. 세계 각지에서 몰려든 사람

들이 공존하는 런던은 현재 정체성을 재확립하는 중이다. 영국Britain과 탈퇴Exit의 합성어로 영국이 1975년 가입했던 유럽 연합EU을 탈퇴하는 것을 의미하는 브렉시트Brexit가 2016년 국민투표를 거쳐 가결되었고, 유예기간을 거쳐 2020년 영국이 유럽 연합 소속이 아니게 되었기 때문이다.

중절모에 트렌치코트, 장우산을 지팡이처럼 들고 다닐 것만 같은 옛날 옛적의 이미지로 영국 신사=런더너를 떠올리는 사람이 아직 있을까? 감정을 좀처럼 드러내지 않고 역경을 참고 견디는 'Stiff upper lip(꽉 다문 윗입술)'이 영국 사람들을 대표하는 이미지로 자리 잡은 지 오래지만 런더너들은 다르다. 활기차고 젊으며 축구 스타디움에서 열광하고 맛 좋은 맥주를 손에서 놓지 않는 쾌활하고 열린 마음의 세계주의자다.

런던
<u>날씨</u>

런던의 연평균 기온은 약 10℃로, 여름과 겨울의 기온 차가 그리 크지 않다. 멕시코 만류의 영향으로 겨울에도 한국만큼 춥지 않고 강설량도 적다. 런던이 속한 영국 남부 평균 강수량도 1년에 약 800mm로 한국보다 적지만 강수일이 약 170일이다. 하루에도 날씨가 여러 번 바뀔 정도로 변덕이 심하니 옷은 여러 겹 입고 우산은 항상 휴대하는 것이 좋다.

월별	일출	일몰	낮 길이	월평균 최고 기온	월평균 최저 기온
1월	7:40~8:06	16:01~16:47	8시간 24분	8.1℃	3.1℃
2월	6:48~7:39	16:49~17:38	9시간 53분	8.6℃	2.7℃
3월	5:52~6:46	17:40~19:31	11시간 48분	11.6℃	4.6℃
4월	5:35~6:36	19:32~20:21	13시간 49분	14.6℃	5.9℃
5월	4:51~5:33	20:22~21:06	15시간 35분	18.1℃	8.9℃
6월	4:43~4:50	21:07~21:19	16시간 31분	21℃	11.8℃
7월	4:49~5:24	20:48~21:19	16시간 06분	23.4℃	13.7℃
8월	5:25~6:13	19:47~20:46	14시간 33분	23.1℃	13.8℃
9월	6:14~7:01	18:38~19:44	12시간 35분	20℃	11.4℃
10월	7:02~6:53	16:33~18:36	10시간 33분	15.5℃	8.8℃
11월	6:55~7:43	15:54~16:31	8시간 48분	11.3℃	5.8℃
12월	7:45~8:06	15:54~16:00	7시간 54분	8.4℃	3.4℃

런던 지역

행정 구역상 런던Greater London은 우리가 아는 런던보다 훨씬 넓은 1,572 km²의 지역으로, 런던시City of London를 포함해 33개의 지역으로 구성돼 있다. 대부분의 여행자가 보게 되는 런던은 교통 구역으로 구분하는 1, 2존Zone이다. 《지금, 런던》에서는 9개의 지역과 3개의 근교 지역으로 나누어 소개한다.

런던 휴일

왕가의 결혼이나 여왕 즉위 기념일, 생일 등 특별한 이벤트를 제외하면 보통 1년에 8일이 공휴일이다. 대부분 월요일이지만 공휴일이 일요일일 경우 그다음 날을 대체 휴일 substitute bank holiday로 지정해 쉰다. 공휴일에는 관광 명소들의 영업시간이 다를 수 있으니 꼭 확인하도록 하자.

1월 1일	새해 첫 날
3~4월 부활절 전 금요일	굿 프라이데이 Good Friday
3~4월 부활절 월요일	이스터 먼데이 Easter Monday
5월 1일	메이 데이 May Day – Early May Bank Holiday
5월 29일	보통 5월 마지막 월요일
8월 28일	보통 8월 마지막 월요일
12월 25일	크리스마스 데이 Christmas Day
12월 26일	박싱 데이 Boxing Day

런던
축제와
이벤트

1월 1일 새해맞이 퍼레이드 New Year's Day Parade

새해 첫날을 축하하는 행진이다. 1987년에 처음 시작했으며, 현재의 루트는 피커딜리에서 시작해 리전트 스트리트, 폴 몰, 트래펄가 광장에서 화이트홀까지다. 세계에서 가장 큰 규모의 새해 행진으로, 이를 보기 위해 수많은 인파가 몰려든다. 가까이서 보려면 표를 구입해야 한다.

홈페이지 lnydp.com

4월 런던 마라톤 London Marathon

1981년부터 런던에서 가장 큰 스포츠 이벤트 중 하나로 자리 잡은 마라톤으로, 각각 다른 런던의 지역을 뛰도록 세 개의 코스(레드, 그린, 블루)로 이뤄져 있다. 전문 마라토너와 아마추어 모두 참여 가능하다. 해마다 50만 명 이상이 마라톤을 보러 런던을 찾는다.

홈페이지 www.tcslondonmarathon.com

5월 첼시 플라워 쇼 Chelsea Flower Show

1913년부터 첼시 병원 정원에서 5일간 열리는 향기로운 축제다. 영국 왕립 원예 협회가 주최하고 세계 각지에서 온 550여 명의 원예가가 참여한다. 새로운 종의 꽃과 나무를 볼 수 있다.

홈페이지 www.rhs.org.uk/shows-events/rhs-chelsea-flower-show

6월 트루핑 더 컬러(여왕 생일 기념 행사) Trooping the Colour

여왕의 생일은 4월 21일이지만 날씨가 좋은 6월의 한 토요일을 골라 따로 행사를 연다. 여왕은 1955년 딱 한 번을 제외하고는 매년 이 행사에 참석해 축하를 받았다. 여왕 외 다른 왕실 가족들도 정복 차림으로 참석하기 때문에 이를 보러 몰려드는 인파가 대단하다. 버킹엄 궁에서 아침 10시에 군사대의 행진이 시작되고, 오후에는 공군의 편대 비행도 진행된다. 4백여 명의 음악가가 연주해 웅장한 분위기를 돋운다. BBC에서도 생중계한다.

홈페이지 www.royal.uk/trooping-colour

6월 테이스트 오브 런던 Taste of London

리전트 파크에서 5일간 열리는 맛있는 축제다. 런던 최고의 레스토랑 40여 개가 참여해 특별한 요리를 경쟁하듯 선보인다. 라이브 요리 쇼, 마스터 클래스에 참여할 수 있으며 200개가 넘는 음식 가판이 열린다. 홈페이지를 통해 티켓을 구입해 입장한다.

홈페이지 london.tastefestivals.com

6~7월 윔블던 Wimbledon

세계에서 가장 오래됐고, 또 가장 유명한 테니스 토너먼트다. 1877년 처음 열린 윔블던은 경기가 열리는 런던 남서 지역의 이름을 딴 것이다. 여름 2주간 진행되며 수백 명의 선수와 수천 명의 군중이 몰려든다. 표를 구하는 것이 정말 어려워 일찍부터 공식 홈페이지에서 티케팅 방법들을 알아보고 미리 준비해야 경기장에서 관람할 수 있다.

홈페이지 www.wimbledon.com

7~9월 더 프롬스 The Proms

산책이라는 뜻의 프로머나드Promenade 콘서트의 줄임말인 프롬스는 로열 앨버트 홀에서 열리는 1년 중 가장 성대한 런던 클래식 음악 축제다. 부담 없는 가격으로 더 많은 대중에게 다가가기 위한 목적으로 19세기 후반 시작됐다. 8주간 열리는 약 90여 개의 콘서트 표 가격은 £5부터 시작한다. 마지막 날 밤 'The Last Night of the Proms'가 프롬스의 하이라이트다.

홈페이지 www.bbc.co.uk/proms

8월 노팅힐 카니발 Notting Hill Carnival

19세기 카리브해 거리 축제에서 영감을 받아 탄생한 것으로, 8월 공휴일 주간에 열린다. 1964년 아프리칸-카리브 주민들이 자신들의 문화, 전통을 기념해 런던 거리에서 열었던 행사로 시작해 현재 노팅힐의 대표 축제가 됐다. 카리브해 지역 전통 음식, 럼 펀치를 마음껏 먹고 마시며 라이브 밴드 공연을 즐기는 흥겨운 축제다.

홈페이지 nhcarnival.org

2월, 9월 런던 패션 위크 London Fashion Week

5천 명의 패션 피플이 런던을 메우는, 연 2회 열리는 패션 주간이다. 80개 이상의 패션쇼와 관련 행사들이 열려 패션에 관심 있는 사람이라면 길거리만 걸어 다녀도 런웨이를 감상하는 기분이 들 것이다. 밀라노와 파리 컬렉션에 비해 좀 더 실험적이고 새로운 브랜드들을 많이 볼 수 있다.

홈페이지 www.londonfashionweek.co.uk

11월 5일 본파이어 나이트 Bonfire Night

영화 〈브이 포 벤데타〉를 보았다면 익숙할 이름, 가이 포크스의 1605년 의사당 폭파 계획을 기념하는 축제다. 모닥불을 피우고 불꽃놀이를 한다.

홈페이지 www.visitlondon.com/tag/bonfire-night

12월 크리스마스 마켓 Christmas Markets

12월 한 달 동안 런던 곳곳에 열리는 크리스마스 테마 시장이다. 관련 소품과 맛있는 시장 음식을 판매하며 캐롤링, 스케이트장, 산타 하우스 등 다양한 볼거리와 재미가 있다. 동심과 낭만을 자극하는 아름다운 마켓들 중 가장 화려한 것은 하이드 파크에서 열리는 윈터 원더랜드 Winter Wonderland다. 공원 전체가 커다란 크리스마스 마켓으로 바뀐다.

홈페이지 hydeparkwinterwonderland.com

LONDON

트　래　블
버　킷　리　스　트

어디나 그 지역을 대표하는 것
들이 있다. 볼거리, 즐길 거리,
먹거리 등 런던에서 놓치면 안
되는 것들을 쏙쏙 뽑았다.

런던
볼거리

공원

런던의 허파, 하이드 파크
바쁜 시가지로 둘러싸인 청명한 리전트 파크
아기자기하고 사랑스러운 홀랜드 파크

하이드 파크

리전트 파크

런던 탑

타워 브리지 | 빅 벤

랜드마크

영국 역사의 큰 축, 런던 탑
빼어난 건축미, 빅 벤과 웨스트민스터 궁
템스강 변의 멋진 뷰를 담당하는 타워 브리지

사치 갤러리

박물관

세계 3대 박물관 중 하나인 대영 박물관(영국 박물관)
현대 미술의 보고, 테이트 모던
아름다운 정원과 감각적인 전시로 유명한 사치 갤러리

대영 박물관

테이트 모던

버로우 마켓

마켓

노팅힐 여행의 하이라이트, 포토벨로 마켓
런던 미식가들의 집합소, 버로우 마켓
빈티지한 매력에 푹 빠지게 되는 캠던 마켓

캠던 마켓

포토벨로 마켓

EPL 축구　로열 오페라 하우스

웨스트 엔드 뮤지컬

공연

런던의 밤을 즐겁게 만들어 주는 웨스트 엔드 뮤지컬
세계 최고 수준의 공연을 감상할 수 있는 로열 오페라 하우스
아드레날린과 에너지가 폭발하는 EPL 축구

Tip. 런던 스냅은 핸드스냅런던 Handsnaplondon

여행의 추억을 아름다운 사진으로 남기고 싶다면 일정 중
몇 시간만 할애해 스냅 사진 촬영을 해보자. 삼각대와 셀카
봉으로는 남길 수 없는, 빅 벤과 웨스트민스터 사원을 배경
으로 멋진 포즈를 취하고 찍는 작품 사진은 스냅 사진가의
손을 빌려야 한다. 런던 곳곳 숨어 있는 포토제닉한 배경들
을 찾아 '인생 사진'을 찍어 주는 포토그래퍼 '핸드스냅런
던'은 변덕스러운 날씨와 여행 중 여러 변수에도 최고의 사
진을 선물한다. 날씨가 좋지 않아 런던 스냅이 예쁘지 않을
것 같다는 걱정이 되겠지만, 흐린 날의 런던 사진이 여느 유
럽 도시들과는 다른 깊이 있는 분위기를 연출해 좋은 사진
을 만들 수 있다. 또 사실 런던은 생각보다 맑은 날이 많아서
밝은 햇살 아래 촬영이 잦다고 한다. 마지막으로 변덕스러
운 런던 날씨에 맞춰 예약 날짜와 촬영 시간을 스케줄이 맞
는 선에서 아주 유동적으로 변경 가능한 점이 '핸드스냅런
던'의 최장점이다. 《지금, 런던》 독자들은 10% 할인 혜택을
받을 수 있다.

블로그 blog.naver.com/oy3alswn
인스타그램 @handsnaplondon

런던
<u>먹거리</u>

영국 전통 요리

영국 사람들은 아침을 푸짐하게 차려 먹는다. 여러 가지가 올려져 무거워 보이는 큰 접시에서도 많은 부분을 차지하는 따끈하게 구운 콩 요리가 배를 채워 준다. 여기에 구운 베이컨과 토스트, 토마토와 계란 요리를 더하면 에너지 넘치는 아침을 만들어 주는 잉글리시 브렉퍼스트의 기본 메뉴가 완성되고, 카페나 레스토랑마다 해시브라운이나 구운 버섯, 소시지나 푸딩을 더하기도 한다. 거의 모든 것이 팬에서 구워지기 때문에 잉글리시 브렉퍼스트를 '프라이 업fry-up'이라는 또 다른 이름으로 부르기도 한다.

30

피시앤드칩스 Fish and Chips

흰 살 생선튀김에 감자튀김을 곁들여 먹는 영국의
대표 요리. 주로 대구나 해덕을 사용하며 저렴한
가격에 포만감을 주는 요리로 무척 대중적이다.

선데이로스트 Sunday Roast

일요일에 먹는 고기 요리다. 소고기구이와 그레이
비소스, 채소와 요크셔푸딩이 기본 구성이며 식당
마다 조금씩 변형된 선데이 로스트 메뉴를 내놓는
다. 속은 촉촉하고 겉은 바삭하게 익힌 고기는 일요
일 느지막이 일어나 먹으러 가기 딱 좋은 브런치 메
뉴다. 주중에도 즐겨먹지만 아직도 일요일에 인기
가 가장 많다.

이튼메스 Eton Mess

저명한 명문 남학교 이튼 스쿨에서 해마다 열리는 라이벌 학
교와의 크리켓 대회에 내놓던 디저트로, 머랭과 생크림, 과
일을 섞어서 시럽을 뿌린 간단하고 달콤한 디저트다. 이튼
출신인 케임브리지 공작 윌리엄이 매우 좋아한다고 한다.
런던 여느 식당이나 베이커리에서 쉽게 볼 수 있다.

펍

런던의 밤은 어김없이 펍에서 맞이한다. 런던 남성들은 평균적으로 일주일에 맥
주 7잔을, 여성들은 평균 3잔의 와인을 마신다고 한다. 여럿이 모이는 '공공장
소'라는 뜻의 퍼블릭 하우스Public house의 줄임말로, 영국의 맥주집이다. 식
사도 겸하는 곳이 많아 낮에도 편히 찾을 수 있다.

미슐랭 스타 레스토랑

프랑스의 유명 타이어 회사 미슐랭Michelin에서 해마다 발행하는 레스토랑 가이드《미슐랭 가이드》에 실린 레스토랑들을 가리키는 말로, 그중에서도 별 1~3개를 부여해 등급이 나뉜다. 미슐랭 평가 요원들은 평범한 손님으로 가장해 1년에 한 식당을 여러 차례 방문하고 평가해 등급을 매기는데, 1990년 그 첫 가이드가 출판돼 20세기를 넘어 21세기까지 레스토랑 평가의 절대 기준으로 여겨진다.《미슐랭 가이드》가 빨간 표지이다 보니 '레드 가이드'라고 부르기도 한다.

Tip. 미슐랭 별의 개수에 따라 다음과 같이 평가된다.

★ 해당 분야에서 아주 뛰어난 레스토랑
★★ 훌륭한 요리를 맛보기 위해 멀리 찾아갈 만한 레스토랑
★★★ 이례적으로 우수한 요리를 맛보기 위해 특별히 멀리 오는 수고를 해도 아깝지 않은 레스토랑

애프터눈 티

널리 사랑받는 영국의 많은 전통 중 가장 잘 알려지고 또 가장 인기 있는 것이 바로 런던 여행을 향긋하고 은은하게 만들어 주는 애프터눈 티다.

19세기 중반 영국은 아침과 저녁, 두 끼만 했다는데, 베드퍼드Bedford의 일곱 번째 공작 부인이었던 애나 마리아 스탠호프Anna Maria Stanhope는 오후의 허기를 참지 못하고 4시쯤 차를 끓여 샌드위치 같은 간식과 함께 먹기 시작했는데, 그것이 시초라고 한다.

메뉴 구성은 세 종류로 나뉘는데, 가장 간단한 것이 티와 스콘, 잼으로 구성된 '크림 티Cream Tea'고, 그다음으로 가벼운 식사가 되는 '라이트 티Light Tea', 어디서부터 손을 댈지 모를 정도로 푸짐하게 나오는 '풀 티Full tea'가 있다.

여러 호텔과 같이 가격대가 있는 곳에서는 샴페인과 함께 나오는 '샴페인 티Champagne Tea' 메뉴도 있다. 차와 함께 나오는 대표적인 메뉴는 스콘과 클로티드 크림, 딱딱한 가장자리를 잘라 낸 오이 샌드위치다.

카페나 호텔마다 자신들만의 특별한 애프터눈 티 메뉴를 만들기 위해 기본 스콘과 샌드위치 외에 잉글리시 머핀이나 케이크, 마카롱 등을 함께 내놓기도 한다. 손가락 두 개 정도 될까 하는 작은 크기의 한 입 거리들은 3층 접시에 층층이 자리를 잡는데, 아래층부터 먹기 시작해 점점 단맛을 내는 위층으로 올라가는 것이 정석이다.

런던의 많은 카페와 호텔은 애프터눈 티 서비스로 평가해 수여하는 티 길드상Tea Guild Award을 받기 위해 해마다 자신들의 애프터눈 티 서비스를 발전시키려 노력 중이니 어느 동네에 가도 수많은 훌륭한 애프터눈 티를 경험할 수 있다. 드레스 코드가 있는 곳들이 많으니 미리 알아보자.

카페

물가가 높은 런던에서 모든 끼니를 외식하는 것이 부담된다면 간단한 요기와 아침, 점심 식사를 하기에 문제 없는 체인 카페들을 찾아보자. 어느 동네든 지점이 있어 지도를 보지 않아도 걷다 보면 마주치게 되는 인기 체인 카페로는 프레타 망제Pret A Manger와 이트EAT가 있다. 푸드 메뉴 비중이 낮은 커피 전문 체인으로는 코스타Costa와 카페 네로Caffe Nero가 있다.

고든 램지

제이미 올리버

셀러브리티 레스토랑

런던에는 세계에서 가장 유명한 셰프가 두 명이나 있다. 연예인보다도 더 높은 유명세를 누리고 있는 런던을 대표하는 셰프 제이미 올리버Jamie Oliver와 고든 램지Gordon Ramsay는 각각 〈네이키드 셰프The Naked Chef〉, 〈헬스 키친Hell's Kitchen〉 등의 TV 프로그램으로 한국을 포함한 여러 나라에 얼굴을 알리게 됐다. 재치 있고 유쾌한 제이미 올리버와 냉철하고 엄격한 고든 램지의 TV 속 모습 외에도, 이들이 이렇게 유명한 이유는 바로 음식 솜씨 때문이다. 최근 한국에 버거 레스토랑을 오픈하여 화제가 되기도 하였던, 불같은 성격과 직설적인 화법으로 유명한 고든 램지는 런던 전역에 여러 개의 고급 레스토랑을 운영하고 있고, 친근한 이미지의 제이미 올리버는 누구든 쉽게 따라할 수 있는 여러 레시피를 소개하고 있으니 각각의 홈페이지에서 확인해보자.

홈페이지 www.jamieoliver.com, www.gordonramsay.com

저가 체인 식당

런더너들은 치킨을 사랑한다. 수많은 치킨 요리 레스토랑 중 포르투갈풍 석쇠구이 페리페리Peri Peri 닭 요리 전문 레스토랑 난도스Nandos는 동네마다 있는 인기 치킨 체인점이다. 모든 메뉴는 냉동닭을 사용하지 않아 신선하다. 치킨은 반 마리로도 주문 가능하다.

홈페이지 www.nandos.co.uk

프랑스 레스토랑 그룹 소유의 카페 루지Cafe Rouge는 양파 수프, 홍합찜, 타르틴, 치즈 수플레, 크로크 무슈와 같은 전형적인 프렌치 비스트로 메뉴들로 가득하다.

홈페이지 www.caferouge.com

스트라다Strada는 카페 루지와 같은 트라구스Tragus 계열의 레스토랑으로, 신선한 계절 재료로 심플하고 현대적인 이탈리아 요리를 판매한다.

홈페이지 www.strada.co.uk

레스토랑 이름처럼 빠른 서비스와 즐거운 분위기가 특징인 피자 익스프레스Pizza Express다. 영국 유명 셰프 밸런타인 워너Valentine Warner가 1990년대 합류해 메뉴를 개발하며 피자 익스프레스는 점점 더 진화하는 다양하고 건강한 피자를 내놓고 있다.

홈페이지 www.pizzaexpress.com

런던
쇼핑 플레이스

눈여겨볼 영국 브랜드

구매 대행을 해도 한국에서는 너무 비싸고 물건도 많지 않은 영국 브랜드들을 실컷 쇼핑할 수 있는 절호의 기회. SPA 브랜드 톱숍Topshop, 미스 셀프리지Miss Selfridge가 대표적이다. 또 한국 여행자들이 반드시 사 오는 것 중 하나는 목욕용품으로 유명한 러쉬LUSH 역시 영국 브랜드로, 영국에서 구매하는 것이 세계 다른 어디에서 구매하는 것보다 저렴하다. 아기자기한 패턴으로 사랑받는 캐스 키드슨Cath Kidston과 폴 스미스Paul Smith, 멀버리Mulberry, 버버리Burberry, 비비안 웨스트우드Vivian Westwood도 영국 브랜드로, 한국에 매장이 있지만 런던에서 훨씬 많은 품목을 볼 수 있다.

런던 Best 기념품

포트넘 & 메이슨이나 트와이닝, 위타드 차는 무난하고도 런던스러운 기념품으로 가장 인기가 많다. 부피도 크지 않아 대량으로 구매하기에 무리가 없다. 영국 마트에서 £1~2하는 트와이닝 차가 한국에서는 7~8천 원에 팔리니 가격적으로도 무척 이득이다. 왕실 관련 소품인 다정하게 미소 짓고 손을 흔드는 엘리자베스 여왕 피규어는 오랫동안 인기 많은 대표 기념품 중 하나다. 인테리어 액자나 에코 백 문구로 유명한 'Keep Calm…'도 영국이 원조로, 관련한 다양한 물건을 길거리나 기념품 상점에서 쉽게 찾아볼 수 있다.

Tip. 런던 쇼핑 시즌
크리스마스 직후에 시작해 1월 중순쯤 끝나는 겨울 세일과 6~7월 중의 여름 세일이 대목이다. 둘 중 겨울 시즌이 훨씬 더 크게 열려 대형 백화점들과 아웃렛들이 일제히 큰 폭으로 할인하는 제품들을 방출한다.

헬로
HELLO
런던

HOW TO GO

런던

항공권 구입, 환전, 공항 출입
국, 현지 상황 등 여행을 떠나려
면 체크해야 할 것들이 많다. 준
비부터 여행이 끝날 때까지 런
던 여행에서 알아야 할 것들을
꼼꼼히 안내한다.

여행 전
체크 리스트

여행 계획 세우기

런던 여행을 떠나기로 했다면 언제 떠날 것인지, 얼마 동안 떠날 것인지, 누구와 함께 떠날 것인지를 정하고 예산, 코스, 숙소 등 대략적인 큰 그림을 그리며 계획해 보자.

여권 발급받기

여권은 우리나라 국민이 해외로 가는 것을 허가하는 서류로, 해외여행을 가기 위해서는 여권을 발급받아야 한다. 전자 여권이 도입되면서 성인의 경우 본인이 직접 여권 발급 기관에서 신청해야 하며, 발급까지는 업무일 기준 4~5일이 소요된다. 대부분의 구청, 도청, 시청에서 여권 발급 업무를 하고 있다. 전자여권 도입 후 여권용 사진 규정이 까다로워졌기 때문에 여권용 사진을 찍기 전외교부 홈페이지에서 사진 규정을 확인해 보는 것이 좋다.

• 외교부 홈페이지 www.passport.go.kr

> **Tip.** 여권을 분실했다면?
>
> 여권을 분실 또는 도난 당한 경우에는 귀국 일정에 지장을 줄 수 있다. 분실 또는 도난 신고를 한 후, 주영국 대한민국 대사관에 가서 여권을 재발급받거나 여행자 증명서(임시 여권)를 발급받아야 한다.

항공권 예매

런던은 인기 여행지인 만큼 취항하는 항공사도 여럿이고 비성수기나 프로모션 기간에는 100만 원 미만의 가격으로 직항 표를 구할 수 있기도 하다.

※ 항공사 상황에 따라 일정과 시간은 변동이 있을 수 있다. 예약 시 항공사 홈페이지를 참고한다.

Tip.
언제 발권하는지에 따라 하루 이틀 차이로 유류세와 항공권 가격 모두 차이가
발생하니 여행 일정이 확실해졌다면 항공권은 일찍 발권할수록 가격이 좋다.
모든 항공사의 항공권을 가격, 출발 시간, 경유지와 발권 조건 등을 모두 모아
비교해 주는 와이페이모어(www.whypaymore.co.kr)나 인터파크 투어(sky.
interpark.com)에서 출발지, 도착지와 기타 정보를 입력해 항공권을 알아볼
수 있고 여행사를 통해 발권하는 경우 해당 여행사에서 숙박을 함께 예약하면
받을 수 있는 혜택들이 있어 숙박을 할 곳에서 함께 예약하는 경우에는 여행사
를 통해 발권하는 편이 더 좋다. 발권 시에는 수하물 제한, 환불과 출발일과 도
착일 변경 수수료 등의 사항들을 꼼꼼히 살펴보도록 한다. 마일리지 프로그램
에 가입하여 마일리지를 쌓는 것도 잊지 말자.

※ 사전 좌석 지정, 서비스 신청하기
전자 티켓을 받은 후 그냥 공항에 가도 되지만 인터넷을 통해 미리 좌석을 지정
할 수 있다. 특히 장거리 비행은 편안한 자리를 선점하는 것이 큰 도움이 될 수
있다. 사전 좌석 지정은 항공사 사이트에서 어렵지 않게 할 수 있다. 알레르기
등의 이유로 특식을 신청해야 하는 사람도 미리 홈페이지나 고객 센터를 통해
신청해 두자.

숙소 예약하기

항공권을 예약했으니 이제 숙소를 해결해야 한다. 예산과 인원, 조식 포함 사
항 등의 조건에 맞추어 여러 여행사 홈페이지 또는 국내외 숙박 전문 웹 사이
트에서 검색해 알아보는 것이 일반적이다. 세금, 수수료 등을 포함한 가격을
살피고, 무엇보다 주요 명소들에서부터의 거리나 가까운 튜브역이 얼마나 멀
리 떨어져 있는지 등 현지에서의 편의 사항 역시 따져 보아야 한다.
마음에 드는 숙소가 있다면 해당 숙소의 숙박 가격을 여러 웹 사이트에서 비교
해 보자. 런던은 외곽으로 갈수록 숙박료가 급격히 떨어지나 교통이 불편하고
밤 늦게 다니는 경우 치안도 우려가 되니 1존에서 머무르는 것을 추천한다. 위
치 다음으로는 예산에 맞추어 민박, 호스텔, 호텔 중 어떤 곳에 묵을지를 결정
한다. 여행하는 목적과 여행자가 중요시되는 요인(가격, 근접성, 편의 시설 등)에
따라 각자에게 맞는 숙박 종류는 판이하게 달라지니 시간이 조금 걸리더라도
꼼꼼하게 따져 본다.

Tip. OR 또는 여행 상품 예약하기

패키지 여행은 아무래도 여행 초보자들에게는 가장 손쉬운 여행 준비 방법이다. 가이드가 전 일정을 함께하는 것이 아니라 호텔과 항공권을 묶어 판매하는 '에어텔'이 인기가 더 높다. 특히, 휴양지가 아닌 런던과 같은 도시 여행에서는 현지에서 일일 투어나 근교 투어를 신청할 수 있어 자유여행이나 에어텔이 편리할 것이다. 에어텔은 여러 웹 사이트를 알아보는 손품을 팔아 항공과 숙박을 따로 예약하는 것보다 가격이 더 비싸지만 시간이 부족한 사람들에게는 편리한 옵션이며 불편한 사항이나 예기치 못한 상황이 발생했을 때에도 해결해 줄 중간 연락처(여행사)가 있어 마음이 좀 더 놓인다는 점이 장점이다.

※ 대표적인 여행 상품 판매처
인터파크 투어 tour.interpark.com   모두투어 www.modetour.com
내일투어 www.naeiltour.co.kr   온라인투어 www.onlinetour.co.kr

여행자 보험 들기

추후에 생길 수 있는 사고에 대비해 여행자 보험에 가입하는 것이 안전한 여행을 보장한다. 도난뿐 아니라 각종 사고와 질병에 대해서도 보장을 받는 것이라 예측할 수 없는 상황에 대해 대비하는 것이 든든하다. 여행 기간이 길수록 여행자 보험을 권유한다.

※ 가입
여행사를 통해 가입하는 것이 일반적이며 공항 출국장 앞에서도 여행자 보험을 가입할 수도 있지만 여행사에서 가입하는 것보다 보험료가 비싸다. 시내 은행에서 환전할 때 무료로 가입해 주는 경우도 있으니 미리 확인해 보자.

※ 여행자 보험금 받기
현지에서 소지품을 도난당하거나 부상을 당해 병원에 갔다면 반드시 증명 서류를 준비해 와야 한다. 개인의 실수로 인한 분실은 보험 혜택을 받을 수 없으며 도난을 당했을 경우에는 공안(경찰서)에서 도난 증명서 등의 서류를 받아와야 한다. 병원에서는 의사 진단서 및 처방 영수증을 받아야 한다. 증빙 서류가 없으면 보험 혜택을 받을 수 없기 때문에 현지에서 무슨 일이 생기면 바로 보험사에 전화해서 문의하자.

런던 여행 정보 찾기

여행에 앞서 다양한 정보와 후기를 찾아보는 것은 큰 도움이 된다. 런던 정보
가 많은 대표적인 사이트를 추천한다.

• 런던 관광청 홈페이지 www.visitlondon.com
실시간으로 각종 이벤트와 알림 사항을 알려 주어 유용하다. 가장 정확한 정보
를 얻을 수 있다는 점에서 신뢰도가 높다.

• 타임아웃 런던 www.timeout.com/london
볼거리, 먹거리, 액티비티와 축제, 쇼핑 등 런던 여행과 관련한 모든 분야를 총망
라하는 온·오프라인 잡지로 빠른 업데이트와 에디터, 독자 평가를 모두 볼 수
있다는 것이 장점이다.

• 유랑 cafe.naver.com/firenze
네이버 여행 카페 중 가장 큰 규모를 자랑한다. 한국어로 되어 있어 보는 것이 가
장 편함은 물론이고 현지에 있는 여행자들의 생생한 경험담을 들을 수 있어 특
히 날씨나 물가, 교통 정보를 얻는 데 용이하다.

면세점 쇼핑

해외여행의 즐거움 중 빠질 수 없는 것이 바로 면세점 쇼핑이다. 시중보다 저렴
하게 쇼핑을 즐길 수 있다. 애플리케이션을 다운받거나 홈페이지에 가입해 각종
이벤트에 참여하면 적립금을 많이 쌓을 수 있어 면세점 정가보다도 훨씬 더 싼
가격에 구입할 수 있으니 항공권 구매 후 면세점 홈페이지에 자주 접속해 보자.
대폭 할인하여 판매하는 프로모션도 자주 있다.

환전하기

여행 기간 동안 사용할 대략의 예산을 계산한 후, 필요한 만큼 미리 환전을 해
두자. 해외에서 사용 가능한 신용 카드, 직불 카드도 챙기면 더 든든하다.

짐 싸기

가져갈 것의 목록을 만들어 빠뜨린 것은 없는지 꼼꼼하게 확인하자. 공항에서
자주 사용하게 되는 여권, 지갑, 휴대폰, E-티켓 등은 캐리어에 넣지 말고 휴
대 가방에 넣도록 한다.

최종 점검 후 출발

항공권 시간, 호텔 체크인 날짜와 위치, 짐을 마지막으로 다시 한번 확인 후 공
항으로 출발한다.

출입국
체크 리스트

인천 국제공항 가는 법
공항버스를 타거나 공항 철도를 이용하는 것이 일반적이다. 공항버스는 서울과 수도권은 물론 전국 각지로 연결돼 있어 가장 많이 이용한다. 이용하는 항공사에 따라 터미널 1인지 2인지를 확인하도록 한다.

공항버스
일반 리무진, 고급 리무진, 시내버스, 시외버스 등을 이용해서 인천국제공항을 찾을 수 있다. 인천국제공항 홈페이지에서 '버스 노선'을 클릭하면 지역별 공항버스 노선을 자세히 확인할 수 있다.
- 인천국제공항 www.airport.kr • 지방행 버스 www.airportbus.or.kr

공항 철도
서울역을 포함해 8개 지하철역을 운행하는 공항 철도는 공항버스보다 더 자주 운행하고 요금도 더 저렴하다. 집이 공항 철도 역과 가깝거나 환승이 편리할 경우 추천한다.
- 일반 열차 서울역~인천국제공항역
  운행 5:20~23:40 **요금** 4,150원 **소요 시간** 56분
- 직통 열차 서울역~인천국제공항역
  운행 6:00~22:20(30분 이상 간격) **요금** 8,000원 **소요 시간** 43분

출국하기
충분한 시간적 여유를 두고 출발한다. 여행 성수기 시즌에는 집 앞에서 출발하는 리무진 버스를 몇 대 보내기도 하고 공항에서 면세품을 찾는 등 생각한 것보다 시간이 많이 지체될 수 있기 때문이다. 또 국적기를 이용하지 않는 경우 탑승 게이트로 가기 위해 셔틀을 타야 할 수도 있으니 출발 3시간 전에는 도착해야 된다. 면세품이 없거나 교통이 불편하지 않다면 2시간 전까지 도착한다.
- 인천국제공항 **운행** 1577-2600 **홈페이지** www.airport.kr

STEP 1 탑승 수속 카운터 확인
인천국제공항 3층에 도착하면 먼저 이륙하는 모든 비행기 시간과 탑승 수속 정보를 안내하는 출발 안내 전광판Departure Board을 보고 자신의 E-티켓에 적힌 항공편명과 출발 시간을 확인해 항공사 카운터를 찾자. 항공사별로 탑승 수속 카운터(A-M)가 구분돼 있다.

Tip. 짐 부칠 때 주의할 점

100ml가 넘는 액체류와 젤류, 스프레이 등은 기내 반입 금지 물품이나 수하물로 부치는 것은 가능하다. 100ml 이상의 액체류, 젤 등은 캐리어에 넣어 수하물로 보내고 100ml 이하 용량은 투명한 지퍼 팩 등의 밀폐 봉투에 담아 휴대한다.

간단히 살펴보는 출국 절차
인천공항 도착/탑승 수속 카운터 확인 → 탑승 수속 및 짐 부치기 → 세관 신고 → 탑승구 통과 → 보안 검색 → 출국 심사 → 면세 구역 → 비행기 탑승(보딩)

STEP 2 탑승 수속 및 짐 부치기

항공사 카운터에서 여권과 전자 티켓을 제시하면 탑승권Boarding Pass을 준다. 수하물로 부칠 짐이 있다면 컨베이어 벨트 위에 올린다. 항공사에 따라 1인당 수하물은 15~23kg까지 허용하며 수하물을 부치면 주는 수하물 증명서(배기지 클레임 태그 Baggage claim tag)를 잘 보관해 두자. 탑승 수속은 보통 출발 시간 2시간 30분 전부터 시작한다.

STEP 3 세관 신고

세관 신고를 할 물품이 없으면 바로 국제선 출국장으로 이동하면 된다. 만약 미화 1만 달러를 초과 소지한 여행자라면 출국하기 전 세관 외환 신고대에서 신고하는 것이 원칙이다. 여행 시 사용하고 다시 가져올 고가품을 소지하고 있다면 '휴대물품반출신고(확인)서'를 받아 두는 것이 안전하다.

STEP 4 보안 검색

여권과 탑승권을 제시한 후 출국장으로 들어가면 보안 검색을 받는다. 검색대를 통과할 때는 모자와 외투를 벗고 주머니도 모두 비워야 한다. 음료수나 화장품 등 모든 액체류는 100ml 이상이면 안 되고 노트북이 있다면 꺼내서 따로 통과시켜야 한다. 칼과 가위 같은 날카로운 물건이나 스프레이, 라이터, 가스처럼 인화성 물질은 반입되지 않으므로 미리 체크해야 한다.

STEP 5 출국 심사

보안 검색대를 통과하면 바로 출입국 심사대가 나온다. 여권과 탑승권을 제시하고 도장을 받는 절차인데 만 7~18세를 제외하고 모든 대한민국 국민은 사전 등록 없이 자동출입국심사를 받을 수 있어 자동출입국심사를 거치면 출국 절차가 한결 쉽고 빨라진다.

STEP 6 면세 구역

입국할 때는 공항 면세점을 이용할 수 없으므로 출국 전에 방문하자. 시내 면세점이나 인터넷 면세점을 통해 구입한 물건이 있다면 면세 구역 내 면세점 인도장으로 가서 상품을 수령하면 된다. 허용 면세 범위는 $600로, 이를 초과 시 세금이 부과된다.

STEP 7 비행기 탑승

보딩 패스에 적혀 있는 탑승구에서 기다렸다가 탑승한다. 출국 30분 전에 탑승을 시작하므로 아무리 늦어도 이 시간 전까지는 탑승구에 도착하도록 하자. 외국 항공사의 경우 셔틀 트레인을 타고 이동해야 하는 별도 청사에서 탑승 수속을 하므로 시간을 더 넉넉하게 잡고 이동해야 한다.

런던 들어가기

STEP 1 공항 도착

런던 공항에 도착해 내린 후 'Immigration' 표지판을 따라 나간다.

STEP 2 입국 심사

EU와 비EU 국가를 따로 구분해 입국 심사를 한다. 'Visitors' 표지판 쪽으로 줄을 서고 심사 시에는 기내에서 받은 입국 신고서를 같이 제출한다(놓고 내렸거나 잃어버린 경우 공항에 비치돼 있다). 이때 여권에 끼워 돌려 주는 종이는 출국 시까지 잘 보관해야 한다. 영국 입국 심사는 전 세계적으로 악명 높아, 운이 좋지 않다면 서너 시간 줄을 서서 기다리고 예상치 못한 질문들을 받기도 한다. 무엇보다 숙소 정보를 정확하게 기재하는 것이 중요하다.

STEP 3 수하물 찾기

이제 부친 짐을 찾을 차례다. 모니터에서 비행기 편명과 수하물 벨트 번호를 확인하고 짐을 찾는다. 짐이 나오지 않는 경우 공항 내 항공사 직원에게 문의하고, 숙박하는 호텔과 연락처를 남겨 준다. 단, 짐이 분실되는 경우 항공사 규정에 따라 조금씩 다르지만 대부분 가방의 무게에 따라 보상금이 책정되니 귀중품은 수하물로 보내지 않는 것이 좋다.

STEP 4 세관 검사

신고할 물품이 없다면 'Nothing to Declare'로 통과한다.

영국 면세 허용 한도
- 담배 200개비, 시가릴로 100개비, 시가 50개비, 토바코 250g 중 한 품목
- 비발포성 포도주(테이블 와인) 4리터
- 양조주 또는 알코올 농도 22도 이상의 주류 1리터
- 보강 포도주(알코올 첨가), 발포성 포도주 또는 기타 주류 2리터
- 맥주 16리터
- 기념품과 선물 포함 £390 이상의 가치를 지닌 물품

STEP 5 입국장

세관을 통과하고 공항의 도착 로비로 나가는 길목에 공연 브로슈어나 지도 등 비치되어 있는 여행 정보를 챙기자. 숙소나 시내에서도 쉽게 구할 수 있어 필수적이지는 않다. 숙소의 위치에 따라 버스, 튜브, 택시 등 공항에서 시내로 향하는 교통편을 미리 결정한 후 해당 표지판을 따라 움직여 시내로 이동한다.

런던 공항에서 시내로 이동

인천국제공항에서 출발하는 런던행 비행기는 한국 관광객들이 주로 이용하는 가장 큰 히스로 공항Heathrow Airport과 개트윅 공항Gatwick Airport에 착륙한다. 공항마다 터미널이 여러 개 있으며 항공사마다 이용하는 터미널이 다르니 티켓에 명시된 터미널을 꼭 확인해 두는 것이 좋다. 참고로 아시아나항공은 2번, 대한항공은 4번, 영국항공은 5번 터미널을 이용한다.

히스로 공항에서 시내 들어가기

히스로 공항은 다섯 개의 터미널을 가지고 있는 대형 공항으로, 런던 도심에서 차로는 45분 정도 떨어진 거리에 있다. 넉넉히 한 시간 이상을 잡고 다음 중 하나의 운송 수단을 이용해 시내로 이동하자.

튜브 / 언더그라운드 Tube / Underground
가장 편하고 보편적인 방법이며 가격도 가장 저렴하다.

요 금	£6.30(오이스터 £3.50/피크 타임(월~금 6:30~9:30)에는 £5.50)
장 소	히스로 공항은 6구역(Zone 6)
이동시간	약 1시간 소요
운행 시간	히스로 공항에서 런던 시내로 향하는 튜브 시간표는 다음과 같다. • 터미널 1, 2, 3 첫차 5:12 (일요일 5:56) / 막차 23:48 (일요일 23:39) • 터미널 4 첫차 5:02 (일요일 5:46) / 막차 23:35 (일요일 23:15) • 터미널 5 첫차 5:23 (일요일 6:07) / 막차 23:42 (일요일 23:25)

히스로 익스프레스 Heathrow Express
가장 빠른 운송 수단으로 패딩턴역까지 15분마다 운행한다. 숙소가 패딩턴 근처라면 추천하나 그렇지 않다면 어차피 패딩턴역에서 튜브로 갈아타야 하기 때문에 튜브 이동이 낫다. 1, 2, 3번 터미널에서는 히스로 센트럴Heathrow Central역을 찾아 탑승하고, 5번 터미널에서는 히스로 센트럴Heathrow CentralⅡ역이 있는 터미널로 이동한 후 탑승할 수 있다.

요 금	£25(편도), £37(왕복) 월~금 7:00~10:00, 16:00~19:00를 제외한 시간에는 편도 요금이 £22고, 히스로 익스프레스 애플리케이션이나 홈페이지로 미리 예약하면 훨씬 저렴하게 구매할 수 있다.
이동시간	약 15분
운행 시간	• 히스로에서 첫차 5:07, 막차 23:42 • 패딩턴에서 첫차 5:10, 막차 23:25
홈페이지	www.heathrow-express.com

코치 버스 Coach Bus

코치 버스는 내셔널 익스프레스National Express, 더 에어라인The Airline, 메가버스Megabus, 레일에어RailAir 네 종류가 있다. 런던이 아닌 다른 영국 지역으로 이동할 때 주로 이용한다.

요 금	역과 버스 종류에 따라 요금 상이
장 소	표는 히스로 센트럴 버스 스테이션Heathrow Central Bus Station 혹은 버스에 탑승 후 구입 가능
이동 시간	빅토리아역까지 40~80분가량 소요
홈페이지	www.heathrow.com/transport-and-directions/by-coach-or-bus

택시 Taxi

공항에서 허가를 한 세 종류의 택시(히스로 택시Heathrow Taxi, 그린토마토 카스Greentomato Cars, 개인 기사 서비스) 중 하나를 이용해 이동하는 편이 가장 편리하다. 하지만 편리한 만큼 비용은 가장 비싸다.

요 금	약 £75
이동 시간	약 50분
홈페이지	www.heathrow.com/transport-and-directions/by-taxi-or-mini-cab

> **Tip.**
>
> 런던에는 약 3만 명의 우버Uber 기사들이 활동한다. 택시보다 훨씬 싼 가격으로 이용할 수 있으니 부득이하게 택시를 타야 하는 경우 우버를 사용해 보자. 최근 개정된 법에 따라 우버 기사들은 모두 곧 영어 읽기, 쓰기, 듣기, 말하기 시험을 통과한 후에야 영업이 가능하게 됐다.

개트윅 공항에서 시내 들어가기

시내에서 24km 정도 떨어져 있는 히스로 공항에 비해 개트윅 공항은 런던 시내에서 45km 정도 떨어져 있으며, 히스로에 비해 지은 지 몇 년 되지 않아 깔끔하다. 히스로에 익숙한 여행객들이 헷갈리지 않도록 몇 걸음마다 튜브, 버스, 택시, 기차 등 운송 수단 표지판들을 세워 무엇을 타든 쉽게 찾아갈 수 있게 했다. 터미널은 남South과 북North 두 개가 있다.

개트윅 익스프레스 Gatwick Express

개트윅 공항의 남쪽 터미널과 런던 시내의 빅토리아Victoria역을 연결하는 가장 쉽고 빠른 교통수단이다. 15분 간격으로 운행하며, 개트윅 공항의 남과 북 터미널 연결 셔틀이 있어 북쪽 터미널에서 내리는 여행자는 남쪽 터미널로 이동해 탑승한다.

요 금	• 편도 £20.60(오이스터), £18.50(온라인) • 왕복 £41.20(오이스터), £36.80(온라인)
이동시간	30분
운행 시간	• 빅토리아 → 개트윅 구간 23:31~새벽 4:59 • 개트윅 → 빅토리아 구간 24:21~새벽 5:50 운행하지 않음
홈페이지	www.gatwickexpress.com

내셔널 익스프레스 버스 National Express Bus

정거장이 매우 많아 런던 전역에서 타고 내릴 수 있다. 한 시간마다 운행한다.

요 금	£8
이동시간	65분
홈페이지	www.nationalexpress.com/en/airports/gatwick-airport.aspx

서던 레일웨이 Southern Railway

킹스크로스, 유스턴, 빅토리아, 매럴러번, 런던 브리지 등 종착역이 거의 런던 1존 전역이라 한 번에 숙소까지 이동하기 편리하나 시간이 오래 걸린다.

요 금	£10.70~19.70(이동 거리와 이용 시간에 따라 달라짐)
이동시간	45~70분
홈페이지	www.southernrailway.com

택시 Taxi

요 금	약 £100
운행 시간	약 70분

> **Tip.** 런던에서의 휴대 전화 사용
>
> 런던의 주요 교통수단인 튜브(지하철) 안에서는 인터넷을 사용할 수 없어 이동 중 정보를 검색하거나 소통할 수 없으며, 무선 인터넷을 제공하는 레스토랑이나 카페가 많으니 비즈니스 목적으로 방문하는 것이 아니라면 굳이 크게 필요하지는 않을 것이다. 각종 애플리케이션을 필요로 하는 사람이라면 하루 1만 원 정도로 신청할 수 있는 무제한 데이터 로밍 서비스를 신청하는 것을 추천한다. 공항에 위치한 각 통신사 데스크에서 신청할 수 있다. 만약 데이터 로밍을 이용하지 않을 것이라면 반드시 스마트폰 설정에서 데이터 로밍을 꺼 두어야 한다.

런던의
교통수단

시내 교통수단

튜브 / 언더그라운드 Tube / Underground

세계에서 가장 오래된 지하 철도망이며 노선은 색깔로 구별한다. 연간 10억
명을 실어 나르는 런던의 튜브는 천장도 낮고 출퇴근 시간에는 서울 못지않은
복잡함에 원성을 듣지만 그래도 명실상부 런던을 대표하는 운송 수단이다. 노
선이 많아 주요 여행지를 다니는 데 튜브만 이용해도 문제가 전혀 없다. 모든
역에는 실시간으로 공사나 다른 이유로 이용할 수 없는 역과 노선을 안내해 주
니 탑승 전에 반드시 확인하도록 한다. 런던은 특히 튜브 보수가 잦고 몇 시간
씩 운행하지 않는 노선도 거의 매일 있다. 그럼에도 불구하고 노선이 많기 때
문에 다른 방법으로 목적지까지 가는 것이 어렵지 않다.

요 금	1회권 Zone 1~2 : £6.30(성인), £3.10(11~15세 아동)
홈페이지	tfl.gov.uk

버스 Bus

런던 여행의 로망 중 하나는 바로 빨간 이층 버스다. 런던의 버스 정류장은 알
파벳으로 되어 있다. 알파벳 하나 또는 둘의 조합으로 정류장을 표시하고 해당
알파벳에서 타고 내리는 버스가 정해져 있는 식인데 튜브보다는 이용이 불편
하나 숙소에서 주요 관광 명소로 이동하는 주요 노선 한두 개 정도를 알아 두
면 문제없다. 또 날씨가 화창할 때 바깥 풍경을 보며 이동하고 싶다면 버스가
좋다. 또 주요 지역으로는 24시간 운행하는 나이트 버스Night Bus가 있으니
늦은 시각에 용이하다.

요 금	• 1일 버스 & 트램 이용권 : £5.20 • 1주일 버스 & 트램 이용권 : £23.30
홈페이지	tfl.gov.uk/maps/bus

오버그라운드 Overground

이름 그대로 땅 위를 달리는 런던의 교통수단으로, 동서남북으로 뻗어 나가며 도심이 아니라 런던 시내를 감싸고 밖으로 뻗어 나가 햄프스테드, 웸블리, 리치몬드 등의 지역으로 이동할 때 유용하다. 21세기에 신설돼 튜브에 비해 훨씬 넓고 쾌적하며 깨끗하다.

택시 Taxi

튜브 기본 요금도 어마어마한 런던에서 택시를 탄다는 것은 아무나 할 수 있는 일이 아니다. 런던 신사들의 모자 높이에 맞추어 택시 높이가 설계됐다 할 정도니 있는 자들을 위한 운송 수단으로 오래 이용돼 왔음을 알 수 있다. 그러나 정말 바쁘거나 딱히 달리 이동할 방도가 없다면 택시만큼 편리한 것이 없음은 사실이다. 택시 기사들은 런던에 위치한 모든 도로와 웬만한 장소들을 외우고 있어야 그 자격을 가지게 되며 필수적으로 알아야 할 지식으로는 2만 5천 개의 도로와 이 위에 위치하는 교회, 식당, 학교 등의 정보이니 비싼 값을 한다고 하겠다. 무엇보다 안전하고 가장 빠른 길로 이동할 수 있다는 점이 장점이다.

요 금	• 기본요금 £3.80
	탑승 시각과 걸리는 시간, 이동 거리에 따라 요금이 다르며 평균적으로는 8~10분 정도 이동해 1.6km(1마일)를 움직이면 £6.40~£10 정도의 요금을 기본 요금에 추가적으로 내게 된다.
홈페이지	tfl.gov.uk/modes/taxis-and-minicabs/taxi-fares

Tip.

외곽으로 이동하는 경우 오버그라운드Overground 외에도 도클랜즈 라이트 레일웨이Docklands Light Railway, DLR, TFL 레일 트레인TFL Rail Trains 을 이용하게 되는데 존zone만 맞다면 오이스터 카드 또는 트래블카드를 사용할 수 있다.

자전거 Cycle

런던 어느 동네를 가나 쉽게 볼 수 있는 산탄더 사이클스Santanders Cycles 자전거 대여/거치대. 이용료(30분 £2, 그 후로 30분당 £2)를 지불하고 최대 24시간 까지 자유롭게 사용할 수 있다. 앱을 다운 받아 쉽게 이용할 수 있으며 대여 장소나 남아 있는 자전거 개수, 신나게 달릴 수 있는 사이클 루트도 검색해 볼 수 있다. 24시간 내 미반납 또는 분실 시 벌금이 부과된다.

요 금	30분 £2, 그 후로 30분당 £2(24시간)
전 화	0343-222-6666
홈페이지	tfl.gov.uk/modes/cycling/santander-cycles

교통 패스

오이스터 카드 Oyster Card

STEP 1 오이스터 카드 구입 및 환불과 충전

2003년부터 런던의 교통 체제를 원활하고 편리하게 만들어 주고 있는, 우리 나라의 교통 카드와 같은 개념으로 이해하면 된다. 튜브뿐 아니라 버스, DLR, 트램과 오버그라운드, 열차까지 이용할 수 있다. 런던 전역에는 3천 군데가 넘 는 오이스터 카드 판매처가 있으며 대형 튜브역이나 공항에서도 구매 가능하 다. 카드 구입 시 £5는 보증금으로 내는 것인데, 여행을 마치고 마지막 튜브 역에서 카드를 주고 다시 받아 갈 수 있다.

요 금	최소 충전 금액은 £5. 충전은 모든 튜브역에서 £50 단위까지 사용 가능하며 카드, 현금 모두 사용할 수 있다.
홈페이지	oyster.tfl.gov.uk/oyster/entry.do

STEP 2 오이스터 카드 사용

하루 차감 한도가 1~3존은 £8.70로 설정돼 많이 타는 여행자가 이득이다. 트래블카드에 비해 가격이 저렴해 여행자용 오이스터 카드를 구매해 이용하 는 것이 가장 편리하고 좋다. 남은 금액은 유효 기간이 없어 다음 런던 여행 때 같은 오이스터 카드를 이용할 수 있다.

요 금	• 튜브 £2.50(1회), £8.70(1일 차감 한도) • 버스와 트램 £1.65(1회), £4.96(1일 차감 한도)

> **Tip.** 존ZONE에 유의할 것!
>
> 런던 지도를 보면 점점 더 범위가 넓어질수록 존의 숫자가 바뀌는 것을 볼 수 있 다. 대부분 우리가 여행하는 구역은 1~2존 안에 위치하니 근교로 나가지 않는 다면 1~2존에 해당하는 교통 카드를 구매하면 된다.

트래블카드 Travelcard

오이스터 카드와 같은 카드를 사용하지만 적정 금액을 충전해 놓고 차감하는 방식이 아니라 특정 기간을 정해 이 기간 동안에는 무제한으로 시내 교통을 사용할 수 있도록 하는 카드다. 충전하는 것이 번거롭거나 언어의 제한이 있어 불편하다면 트래블카드를 이용하는 것이 편하다. 히스로 익스프레스, 히스로 커넥트 등 몇 개의 제한적인 교통수단을 제외하고는 튜브, 버스, 트램, 오버그라운드, TFL 등 런던 대부분의 교통수단을 이용할 수 있다. 1일권은 종이로 되어 있지만 일주일권부터는 오이스터 카드에 만들어 주기 때문에 사용 기간이 지난 후 카드를 그대로 오이스터처럼 충전해서 이용해도 좋다. 여행 기간이 10일일 경우 1주일 트래블카드를 구매하고 나머지 3일은 충전해서 오이스터로 사용하는 식이다.

시 간	1일 트래블카드(다음 날 4:30까지 유효)
홈페이지	visitorshop.tfl.gov.uk

런던 관광버스 London Sightseeing Tours

STEP 1 투트버스 투어 Tootbus Tours

1950년대부터 런던 교통국에서 시행하고 있는 관광버스는 모두 네 종류로, 런던 시내의 주요 관광 명소 90여 곳을 둘러보는, 넓은 시내를 한 번에 돌아볼 수 있는 유용한 이동 수단이다. 표는 구매 기간 동안 유효해 원하는대로 횟수에 구애받지 않고 내리고 탈 수 있다. 관광버스는 10~15분마다 운행되며, 가장 많이 이용하는 2시간 런던 익스프레스 투어는 노란색과 파란색 노선 두 종류로 각각 런던 시내의 동, 서부를 돌아본다. 영어, 프랑스어, 독일어, 스페인어 음성 관광 안내도 지원된다. 티켓은 홈페이지를 통해 구매 가능하다.

시 간	8:30~19:00
요 금	온라인 예매 요금 1일: £27.90(성인), £16.20(아동) 2일: £30.60(성인), £18.90 (아동)
홈페이지	www.tootbus.com/en

STEP 2 빅 버스 컴퍼니 Big Bus Company

또 다른 관광버스 운행 회사로 빅 버스 컴퍼니Big Bus Company가 있는데, 빨간색, 파란색, 녹색의 노선으로 루트를 나누어 투어를 운행한다. 이 버스들 역시 구매한 기간 동안 유효한 티켓을 가지고 자유롭게 타고 내릴 수 있다. 홈페이지에서 노선과 정류장을 볼 수 있다.

요 근	1일권: £41 (클래식 성인), 2일권: £59 (프리미엄 성인), 3일권: £69 (디럭스 성인)
홈페이지	www.bigbustours.com

런던 패스 London Pass

런던 패스로 좀 더 알뜰한 여행을 하자. 1999년 처음 만들어져 런던을 방문하는 여행자들에게 엄청난 혜택을 제공하는 패스다. 런던의 거리만을 누빌 것이 아니라 교통을 이용하고 명소들을 찾아다닐 계획이 있다면 반드시 사용해야 한다. 바쁘게 돌아다닐수록 혜택이 더 많은 것은 당연하며, 80개 이상의 명소에 무료입장과 여러 런던 내 주요 명소에서 줄을 서지 않고 바로 입장하는 패스트 트랙Fast Track 혜택을 누릴 수 있다.

휴대 전화 애플리케이션으로도 다운로드 가능하며(londonpass.com/en-us/london-attractions/app-delivery) 패스를 구입하면 주는 런던 가이드북에는 모든 혜택이 상세히 설명돼 있다. 온라인으로도 무료 다운로드 가능하다(londonpass.com/en-us/guidebook). 온라인으로 패스를 구입하고 e-바우처e-voucher(바우처를 패스로 바꾸는 방법 등이 함께 온다)를 이메일로 받아 출력해 런던 시내에 있는 런던 패스 사무소에서 런던 패스로 바꿔 받아 사용할 수 있다. 처음 사용하는 날로부터 시간이 체크되도록 되어 있다. 명소에 입장하기 위해 패스를 스캔하는 순간부터 패스가 활성화된다.

런던 패스 데스크 London Pass Desk

주 소	11a Charing Cross Road, WC2H 0EP
튜 브	레스터 스퀘어(Leicester Square)역, 차링 크로스(Charing Cross)역
시 간	매일 10:00~16:00
휴 무	12월 25~26일, 1월 1일
요 금	1일: £79(성인), £50(아동) 2일: £103(성인), £67(아동) 3일: £123(성인), £79(아동) 4일: £139(성인), £89(아동) 5일: £152(성인), £99(아동) 6일: £157(성인), £102(아동) 7일: £163(성인), £109(아동) 10일: £179(성인), £115(아동) *각 패스에는 오이스터 카드 크레딧을 다음과 같이 추가 가능하다. 1일 패스 £15, 2일 패스 £20, 3일 패스 £30, 4일패스 £35, 5일패스 £40, 6일패스 £55, 7일패스 £55, 10일패스 £55
홈페이지	www.londonpass.com

* 오프라인 사무소를 직접 찾아가 런던 패스를 구매하려는 경우 교통이 불포함된 런던 패스만 구매할 수 있으니 교통 포함 패스를 이용하려면 반드시 온라인으로 구매한다. 온라인으로는 종종 할인 가격에 런던 패스를 판매하기도 한다.

B E S T
COURSE

추 천 코 스

여행은 누구와 가느냐, 무엇을
하느냐에 따라 즐거움이 다르
다. 동행별, 테마별 코스를 추천
한다. 자신의 여행 스타일에 맞
는 코스를 골라 그대로 따라 해
도 좋고 응용해도 좋다.

잊지 못할 런던과의 첫 만남. 런던은 무척 큰 도시고 볼 것도 많은데 한 지역에 집중돼 있지 않아서 동선을 잘 짜야 많이 볼 수 있다. 너무 빡빡하게 계획하지 않아야 길을 잃거나 컨디션이 안 좋거나 하는 예상하지 못하는 일이 있더라도 전부 소화할 수 있으니 욕심은 부리지 말자.

1일차	타워 브리지 ➡ 버로우 마켓 ➡ 셰익스피어 글로브 극장 ➡ 테이트 모던 ➡ 밀레니엄 브리지 ➡ 세인트 폴 대성당 ➡ 런던탑 ➡ 세인트 캐서린 부두 ➡ 올드 스피탈필즈 마켓 ➡ 스모크스택
2일차	킹스크로스역 ➡ 대영 박물관 ➡ 코번트 가든 ➡ 디슘 ➡ 서머싯 하우스 ➡ 트래펄가 광장&내셔널 갤러리 ➡ 리버티 백화점 ➡ 옥스퍼드 스트리트 ➡ 마담 투소 ➡ 셜록 홈스 박물관 ➡ 리전트 파크 ➡ 캠던 마켓 ➡ 르 를레 드 베니즈 랑트르코트
3일차	사우스뱅크 센터 ➡ 빅 벤&웨스트민스터 사원 ➡ 테이트 브리튼 ➡ 세인트 제임스 파크 ➡ 버킹엄 궁 ➡ 도미니크 앙셀 베이커리 ➡ 하이드 파크 ➡ 해로즈 ➡ 빅토리아&앨버트 박물관, 과학 박물관, 자연사 박물관 ➡ 스케치 ➡ 웨스트 엔드
4일차	리틀 베니스 ➡ 포토벨로 마켓 ➡ 오토렝기 ➡ 홀랜드 파크 ➡ 디자인 박물관 ➡ 첼시 피직 가든 ➡ 킹스 로드&사치 갤러리 ➡ 마이 올드 더치

Tip.
만약 첫날이 주말이라면 타워 브리지를 본 후 주말에만 오픈하는 근처 멀트비 스트리트 마켓에서 맛있는 브런치를 하는 것도 좋고, 일요일이라면 같은 코스를 거꾸로 시작하되 컬럼비아 로드 플라워 마켓을 출발점으로 삼는 것이 더 좋다. 주말에만 여는 브릭 레인 마켓도 올드 스피탈필즈 마켓을 보고 들러 보자.

Day 1

타워 브리지 ●Jubilee, ●Northern Line의 London Bridge역
또는 ● Circle, ● District Line의 Tower Hill역

도보 15분

버로우 마켓

도보 8분

셰익스피어 글로브 극장

도보 2분

테이트 모던

도보 5분

밀레니엄 브리지

도보 5분

세인트 폴 대성당

District Line Circle역에서 3 정거장, 13분

런던 탑

도보 8분

세인트 캐서린부두

Circle Line Tower Hill역에서 2 정거장, 20분

올드 스피탈필즈마켓

도보 5분

스모크스택

캠던 마켓을 구석구석 돌아보고 저녁을 먹기보다는 런던의 푸르름을 더 즐기고 싶은 여행자들은 리전트 파크와 맞닿아 있는 프림로즈 힐에 들렀다가 캠던으로 향하자.

킹스크로스역

○ Circle
○ Hammersmith & Clty
● Metropolitan
● Northern
● Piccadilly
● Victoria Line의 King's
   Cross St. Pancras역

지하철 20분

대영 박물관

도보 15분

코번트 가든

도보 5분

리버티 백화점

도보 10분

트래펄가 광장 & 내셔널 갤러리

도보 13분

서머싯 하우스

도보 13분

디슘

도보 2분

옥스퍼드 스트리트

Bakerloo Line Oxford Circus역에서 2 정거장 또는 Jubilee line Bond Street역에서 1 정거장, 10분

마담 투소

도보 4분

셜록 홈스 박물관

도보 2분

르 를레 드 베니즈 랑트르코트

27번 버스 12분 또는 도보 10분

캠던 마켓

도보 10분

리전트 파크

62

Day 3

❶ 버킹엄 궁에서 매일 아침 11시 진행하는 근위병 교대식이 보고 싶다면 사우스뱅크 센터나 테이트 브리튼을 제 하고 빅 벤 & 웨스트민스터 사원 〉 버킹엄 궁 〉 세인트 제임스 파크 〉 하이드 파크… 의 순으로 이동한다.

❷ 주요 박물관들이 밀집되어 있는 지역이지만 하루에 모든 전시를 보는 것이 내키지 않을 수도 있고 체력적으로 힘들 수도, 또는 지루할 수도 있다. 관심이 가지 않는 것은 제외하고 보고 싶은 전시에 집중하자.

사우스뱅크 센터

- ● Bakerloo
- ● Jubilee
- ● Northern
- ● Waterloo & City Line의
  Waterloo역

도보 15분 →

빅 벤 & 웨스트민스터 사원

87번 버스 10분 또는 도보 20분 ↓

테이트 브리튼

↓ 87, 88, 507번 버스 20분 또는 도보 25분

← 도보 17분

🍴 도미니크 앙셀 베이커리

버킹엄 궁

← 도보 4분

세인트 제임스 파크

↓ 도보 20분

하이드 파크

도보 7분 →

해로즈

도보 10분 →

빅토리아 & 앨버트 박물관, 과학 박물관, 자연사 박물관

웨스트 엔드

← 도보 17분

🍴 스케치

← Piccadilly Line
South Kensington역에서
4 정거장, 20 분

63

비틀즈 팬이라면 리틀 베니스에서 출발하기 전 애비 로드 스튜디오 앞 횡단보도를 보고 오자. 아침 일찍일수록 관광객이 많지 않아 사진 찍기 좋을 것이다.

Circle 또는 Hammersmith
& City Line Paddington역에서 3 정거장, 25분

도보 4분

리틀 베니스

포토벨로 마켓

오토렝기

도보 16분

디자인 박물관

도보 5분

홀랜드 파크

Circle Line High Street Kensington역에서 3 정거장 또는
District Line Earl's Court역에서 3 정거장, 30분

도보 10분

도보 10분

마이 올드 더치

첼시 피직 가든

킹스 로드 & 사치 갤러리

Best Course 2

다시 만난 런던
3박 4일

이미 런던을 여행한 사람들을 위한 되새기기 + 더 깊이 여행하기 코스다. 줄을 오래 서야 하는 곳이거나 사람들이 많이 몰려 이리저리 치이는 런던에서 가장 유명한 곳들은 이미 본 여행자는 런던의 더 깊은 면모를 느끼고 싶을 것이다. 웅장함보다는 친근함으로 어필하는 런던을 만나 보자.

1일차
LN-CC ➡ E5 베이크하우스 ➡ 브로드웨이 마켓 ➡ 베이글 베이크 ➡ 뮤지엄 오브 더 홈 ➡ 존 손 경의 박물관 ➡ 샤크푸유 ➡ 엑스페리멘틀 칵테일 클럽

2일차
멀트비 스트리트 마켓 ➡ 화이트 큐브 ➡ 타워 브리지 & 템스강 산책 ➡ 에미레이 츠 스타디움 또는 로열 앨버트 홀 또는 로니 스콧츠 ➡ 미니스트리오브 사운드

3일차
햄프스테드 히스 ➡ 캠던 마켓 ➡ 그래너리 스퀘어 ➡ 런던 운하박물관 ➡ 우표 박물관 ➡ 런던 교통 박물관 ➡ 파이브 가이즈

4일차
다시 가고 싶은 런던의 명소 ➡ 포트넘 & 메이슨 또는 스케치에서 애프터눈 티 ➡ 프림로즈 힐 또는 햄프스테드 히스 ➡ 온 더 밥

매달 첫 번째 화요일 존 손 경의 박물관의 야간 개관을 가 볼 수 있다면 꼭 시간대를 맞춰 가 보자.

LN-CC
● Overground Line의 Cambridge Heath 또는
Hackney Central역

236번 버스
15분

🍴E5 베이크하우스

도보
7분

브로드웨이 마켓

388번 버스
15분

🍴E5 베이글 베이크

도보
15분

뮤지엄 오브 더 홈

243번 버스
17분

존 손 경의 박물관

도보
15분

🍴샤크푸유

도보 4분

🍴엑스페리멘틀 칵테일 클럽

런던에서 가장 맛있는 푸드 마켓 멀트비 스트리트 마켓을 갈 예정이니 그리니치에서 너무 배불리 점심을 먹지는 말자.

도보
6분

화이트 큐브

도보
10분

멀트비 스트리트 마켓
● DLR Line의 Cutty Sark역

타워 브리지 & 템스강 산책

Piccadilly, Northern Line Arsenal역에서(1회 환승), 35분 또는 District, Bakerloo Line South Kensington역에서(1회 환승) 39분 또는 Bakerloo Line Piccadilly Circus역에서 5 정거장, 20분

43번 버스 45분 또는 Circle, District Line London Bridge Bus Station(Stop C) Tower Hill 11 정거장, 42분 또는 Jubilee, Northern Line London Bridge역에서(워털루역 환승) 29분

🍴 미니스트리 오브 사운드

에미레이츠 스타디움 또는 로열 앨버트 홀 또는 로니 스콧츠(택일)

첫 방문에서는 시간을 내기 어려웠던 소소한 전시들을 찾아가 보자. 운하, 교통, 우편, 장난감, 만화 등 다양한 주제에 관한 작은 박물관들이 많이 있다.

햄프스테드 히스
🔵 Overground Line의 Hampstead Heath역

C2 또는
214번 버스
12 정거장,
30분

캠던 마켓

Northern Line
Camden Town역에서
2 정거장, 15분

런던 운하 박물관

도보 8분

그래너리 스퀘어

도보 17분

우표 박물관

런던 교통 박물관

Piccadilly Line Russel Square역에서
2 정거장, 21분

도보
5분

🍔 파이브 가이즈

이동 시간이 길고 많이 걸어야 한다는 것을 알아 둘 것. 시내 중심부에 위치한 명소들이 아니라 비교적 관광객들의 발걸음이 덜 닿는 곳들을 찾아가는 것이기에 어쩔 수 없다. 그러나 도심을 벗어날수록 한적하고 예쁜 거리와 작은 정원들을 구경하는 재미가 있어 피곤하지 않을 것이다.

다시 가고 싶은 런던의 명소

포트넘 & 메이슨 또는 스케치

온 더 밥

프림로즈 힐 또는 햄프스테드 히스

Tip. 그 누구도 간섭할 수 없는 완벽하게 자유로운 런던 여행! 마지막 날은 오롯이 무계획으로 또는 시간을 무척 여유 있게 비워 놓는 것을 추천한다. 한 번 더 가 보고 싶은 곳, 한 번 더 먹어 보고 싶은 곳, 망설이다 사지 못한 것이 분명 생기기 때문이다. 일정을 마음대로 짤 수 있다는 장점이 있지만 동시에 이것은 단점. 시간을 그냥 흘려 보낼 수도 있기 때문이다. 새로운 먹거리, 쇼핑, 거리의 재래시장, 축제, 전시 관람, 공연 관람, 자연 등 본인의 관심사와 여행에서 얻고 싶은 것을 명확히 하고 책에서 찾아 일정을 계획하자.

혼자 여행하고 싶지만 친구도 사귀고 싶다면 호스텔이나 한인 민박을 숙소로 잡을 것. 호스텔, 민박에서 진행하는 자체 투어나 저녁 식사 등 다른 여행자들과 자연스레 마주칠 기회가 많다.

아이와
함께하는 런던
3박 4일

런던은 가족이 여행하기에 가장 좋은 도시 중 하나다. 수많은 갤러리와 박물관들을 가족이 함께 찾아 다니면서 교육적으로 값진 경험이 될 것이며, 바쁜 도시 관광에 아이가 지친다면 워너 브라더스 해리 포터 스튜디오나 옥스퍼드, 케임브리지 등 한적한 근교로 떠나 하루를 보내는 것도 추천한다.

1일차	킹스크로스역 ➡ 대영 박물관 ➡ 엠&엠즈 월드 ➡ 레고 스토어 ➡ 트래펄가 광장 & 내셔널 갤러리 ➡ 코벤트 가든 ➡ 옥스퍼드 스트리트 ➡ 파이브 가이즈
2일차	세인트 제임스 파크 & 버킹엄 궁 ➡ 웨스트민스터 사원 & 빅 벤 ➡ 런던 아이 ➡ 버로우 마켓 ➡ 테이트 모던 & 밀레니엄 브리지 ➡ 세인트 폴 대성당 ➡ 런던 탑 ➡ 세인트 캐서린 부두 ➡ 타워 브리지 ➡ 더 샤드 ➡ 콘디터 & 쿡 ➡ 웨스트 엔드
3일차	ZSL 런던 동물원 & 리전트 파크 ➡ 셜록 홈스 박물관 ➡ 마담 투소 ➡ 하이드 파크 ➡ 빅토리아 & 앨버트 박물관, 과학 박물관, 자연사 박물관 ➡ 뮤리엘스 키친
4일차	근교 여행 - 워너 브라더스 스튜디오 투어, 옥스퍼드, 케임브리지

버스보다 튜브가 이용하기 편하지만 아이들에게 빨간 이층 버스 탑승은 꽤 재미있고 신기한 경험이 될 것이다. 너무 짧지 않은 구간으로 이용해 보자.

킹스크로스역

Circle
Hammersmith & City
Metropolitan
Northern
Piccadilly
Victoria Line의 King's
Cross St. Pancras역

Piccadilly Line
King's Cross St,
Pancras역에서
1 정거장, 3분

대영 박물관

↓ 도보15분

트래펄가 광장 & 내셔널 갤러리

← 도보 4분

레고 스토어

← 도보 1분

엠 & 엠즈 월드

↓ 도보 5분

코번트 가든

도보 10분 →

옥스퍼드 스트리트

↓ 도보15분

파이브 가이즈

71

**세인트 제임스 파크
& 버킹엄 궁**

⚪ Circle
⚫ District Line의
St. James's Park역

도보
15분

**웨스트민스터 사원
& 빅 벤**

도보
12분

런던 아이

Jubilee Line
Waterloo역에서
2 정거장, 15분

세인트 폴 대성당

Circle, District Line
Mansion House역에서
3 정거장, 20분

도보
10분

**테이트 모던 &
밀레니엄 브리지**

도보
10분

버로우 마켓

런던 탑

도보
8분

세인트 캐서린 부두

도보
7분

타워 브리지

도보 12분

웨스트 엔드

🍴 **콘디터**

Jubilee Line London Bridge역에서 2 정거장,
환승해 Northen Line Waterloo역에서
3 정거장, 19분

도보
4분

더 샤드

**ZSL 런던 동물원 &
리전트 파크**

● **Bakerloo Line**의
Regent's Park 역

도보
11분

셜록 홈스 박물관

도보
4분

마담 투소

Jubilee Line Baker Street역에서 1 정거장,
Central Line Bond Street역에서 1 정거장, 12분

🍴 **뮤리엘스 키친**

도보
5분

**빅토리아 & 앨버트 박물관,
과학 박물관, 자연사 박물관**

도보
10분

하이드 파크

어린아이가 있다면 이동 시간을 최소화하는 것이 관건. 제안하는 스케줄 중 숙소와 가장 가까운 코스와 공항 또는
그다음 행선지로 가기 가장 편한 코스를 각각 첫날, 마지막 날로 배치하자.

워너 브라더스 스튜디오 투어

옥스퍼드

케임브리지

연인과
함께하는 런던
2박 3일

같은 장소를 방문하더라도 로맨틱한 시간을 보낼 수 있는 방법은 얼마든지 있다.
하이드 파크에서는 공원 산책이 아닌 보트를 빌려도 좋고, 미리 맛있는 간식을 사서 피크닉을
즐기는 것도 추천한다. 아무것도 하지 않아도 함께하는 시간이 행복한 아름다운 배경들을 모두
찾아가 보자.

1일차
홀랜드 파크 ➡ 디자인 박물관 ➡ 하이드 파크 ➡ 빅토리아&앨버트 박물관 ➡
해로즈 ➡ 오존 커피 로스터스 ➡ 당 르 누아르 ➡ 로니 스콧츠

2일차
던트 북스 ➡ 옥스퍼드 스트리트 ➡ 사치 갤러리 ➡ 첼시 피직 가든 ➡ 테이트
브리튼 ➡ 빅 벤&웨스트민스터 사원 ➡ 서머싯 하우스 ➡ 스케치 ➡ 웨스트 엔드

3일차
리틀 베니스 ➡ 더 모노클 카페 ➡ 리전트 파크 ➡ 템스 로켓 스피드 보트 ➡ 버로
우 마켓 ➡ 런던 아이 ➡ 웨스트민스터 사원&빅 벤 ➡ 코번트 가든 ➡ 디슘

홀랜드 파크 안에 있는 고즈넉한 교토 정원에는 꼭 가 보도록 한다. 사람이 많지 않고 동양적인 분위기가 물씬 나 색다르다.

홀랜드 파크

● Circle ● District Line의 High Street Kensington역

도보 2분 →

디자인 박물관

도보 15분

하이드 파크

↓ 도보 10분

해로즈

도보 10분

빅토리아 & 앨버트 박물관

↓ Northern, Piccadilly Line Knightsbridge역에서 (킹스크로스역 환승) 30분

🍴 오존 커피 로스터즈

38번 또는 19번 버스 13분 또는 도보 19분 →

🍴 당 르 누아르

Central Line Chancery Lane 역에서 2 정거장, 21분 →

🍴 로니 스콧츠

강변을 따라 걷다 만나는 테이트 브리튼은 테이트 모던에 비해 유료 전시관이라 상대적으로 덜 붐빈다. 인기 전시의 경우 입장 인원을 제한하고 표를 판매하기 때문에 여유 있게 돌아볼 수 있다.

던트 북스

● Bakerloo Line의 Regent's Park역

도보 13분

옥스퍼드 스트리트

20번 버스 20분

사치 갤러리

도보 15분

테이트 브리튼

360번 버스 30분

Victoria Line Pimlico역에서 3 정거장, 20분

빅 벤 & 웨스트민스터 사원

첼시 피직 가든

도보 10분

서머싯 하우스

Bakerloo Line Oxford Circus역에서 3 정거장, 18분

🍴 **스케치**

Piccadilly Line Covent Garden 역에서 2 정거장, 16분

웨스트 엔드

❶ **퀸 메리 가든:** 리전트 파크 안에 있는 퀸 메리 가든은 1만 2천 송이 이상의 꽃이 핀 향기로운 정원으로 무척 예쁘다. 런던 내 장미 컬렉션으로는 최대 규모다.

❷ **템스 로켓 Thames Rockets 스피드 보트:** 스릴과 짜릿함 그 자체. 코미디언 출신들의 가이드가 함께 탑승하여 50분 동안의 재미를 배가 시킨다. 더 많은 명소를 볼 수 있는 80분 길이의 코스도 있다. (홈페이지 www.thamesrockets.com)

❸ **런던 아이 샴페인 익스피어리언스:** 135m 높이에서 런던을 내려다보자! 맑은 날에는 40km 면적의 시야가 확보되는 런던 아이는 32개의 유리 캡슐로 이루어져 있고, 30분 동안 탑승한다. 밤에 타서 보는 야경도 무척 예쁘다. 2000년 개장하여 3천 4백만 명 이상을 태운 런던 아이는 이제 탑승 전에 관람하는 4D 쇼와 터치 스크린으로 생동감을 더욱 높여 한층 더 재미있는 경험을 선사한다. 연인들에게 추천하는 샴페인 익스피어리언스는 포머리 브뤼트 로열 샴페인 1잔과 패스트 트랙 혜택, 무료 미니 가이드를 포함한다. (홈페이지 www.londoneye.com/tickets-and-prices/vip-experiences/champagne-experiences/)

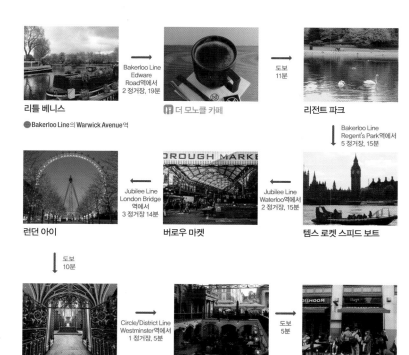

리틀 베니스

● **Bakerloo Line**의 **Warwick Avenue**역

Bakerloo Line
Edware
Road역에서
2 정거장, 19분

🍴 **더 모노클 카페**

도보
11분

리전트 파크

Bakerloo Line
Regent's Park역에서
5 정거장, 15분

런던 아이

Jubilee Line
London Bridge
역에서
3 정거장 14분

버로우 마켓

Jubilee Line
Waterloo역에서
2 정거장, 15분

템스 로켓 스피드 보트

도보
10분

**웨스트민스터 사원
& 빅 벤**

Circle/District Line
Westminster역에서
1 정거장, 5분

코번트 가든

도보
5분

🍴 **디슘**

멋과 맛의 런던
2박 3일

박물관과 유적보다는 쇼핑과 먹방이 즐거운 여행자를 위한 코스다. 전시 감상과 공연 관람에 할애된 일정을 모두 제하고 런던에서 제일가는 쇼핑 플레이스와 맛집들로 구성한 3일간의 신나는 여행을 떠나자.

1일차 캠던 마켓 또는 리전트 파크 ➡ 올프레스 에스프레소 ➡ 올드 스피탈필즈 마켓 ➡ 코번트 가든 ➡ 메종 베르토 ➡ 옥스퍼드 스트리트 ➡ 디슘

2일차 리버티 백화점 ➡ 파이브 가이즈 ➡ 포트넘&메이슨 ➡ 리츠 호텔 애프터눈 티 ➡ 해로즈 ➡ 더 허밍버드 베이커리

3일차 세인트 존 브레드 앤드 와인 ➡ 테이트 모던 ➡ 버로우 마켓&몬머스 ➡ 화이트 큐브 ➡ 헤이 커피 ➡ 멀티비 스트리트 마켓

매년 6월 중 진행하는 테이스트 오브 런던Taste of London 기간에 여행한다면 리전트 파크를 자주 들르자. 이곳에서 열리는 5일 동안의 런던 최고의 맛 축제에는 5만 명의 인파가 몰려들어 다양한 테이스팅, 오픈 키친, 특별 메뉴 시범 등을 즐긴다. 런던에서 내로라하는 레스토랑들은 모두 이 축제에 참여하여, 한 자리에서 여러 별미를 맛볼 수 있다(홈페이지 london.tastefestivals.com). 테이스트 오브 런던 기간이 아니라면 유사한 콘셉트로 연중 내내 진행하는 캠던의 푸드 마켓 KERB에서 아침 겸 점심을 먹어 보자(홈페이지 www.kerbfood.com).

캠던 마켓 또는 리전트 파크

● Northern Line의 Camden Town역 또는
● Bakerloo Line의 Regent's Park역

Northern Line Camden Town역에서 4 정거장, 19분 또는 Northern Line Euston역에서 3 정거장, 30분

올프레스 에스프레소

도보 9분

District Line Aldgate East역에서 7 정거장, 29분

코번트 가든

도보 9분

올드 스피탈필즈 마켓

Central Line Tottenham Court Road역에서 1 정거장, 10분

Central Line Tottenham Court Road역에서 1 정거장, 10분

메종 베르토

옥스퍼드 스트리트

디슘

런던 대부분의 호텔에서는 애프터눈 티를 진행하고 있지만 가장 대표적인 것은 리츠 호텔의 것. 역사가 길어 네임 밸류가 있어 아직도 예약이 가장 치열한 곳이다. 상징성보다 맛을 추구한다면 다른 호텔들의 홈페이지에서 메뉴를 비교해 보고 마음에 드는 곳을 선택하자.

리버티 백화점
🔴Bakerloo, 🔴Central, 🔴Victoria Line의 Oxford Circus역

도보 15분

🍴 파이브 가이즈

도보 12분

🍴 리츠 호텔 애프터눈 티

도보 4분

🍴 포트넘 & 메이슨

Piccadilly Line Green Park역에서
2 정거장, 11분

해로즈

52번 또는
452번 버스
27분

🍴 더 허밍버드 베이커리

80

가까이 위치한 버로우 마켓과 멀트비 스트리트 마켓이 모두 열리는 날은 토, 일요일로, 주말 중 두 곳을 모두 찾아보자.

🍴 세인트 존 브레드 앤드 와인
●District, ●Hammersmith & City Line의 Aldgate East역

344번 버스
27분

테이트 모던

도보 12분

화이트 큐브

도보 16분

🍴 버로우 마켓 & 몬머스

도보 4분

🍴 헤이 커피

도보 8분

멀트비 스트리트 마켓

Best Course 5

영화 속 런던
2박 3일

은막의 주인공처럼 낭만적인 여행하기. 한 편의 영화를 보고 런던으로 떠날 결심을 한 사람, 런던을 여행한 후 그 느낌을 좀 더 오래 간직하고 싶은 사람, 아직 '런던' 하면 특별한 이미지가 연상되지 않는 사람에게 다음의 영화와 드라마, 그리고 이와 어울리는 일정을 권한다.

1일차
히스로 공항 ➡ 킹스크로스역 ➡ 옥스퍼드 스트리트&셀프리지스 ➡ 웨스트민스터 궁&사원&빅 벤 ➡ 리전트 파크&ZSL 런던 동물원 ➡ 캠든 마켓

2일차
셜록 홈스 박물관 ➡ 버틀러스 워프 부두 ➡ 버로우 마켓 ➡ 테이트 모던 ➡ 포토벨로 마켓&더 노팅힐 북숍 ➡ 당 르 누아르

3일차
그리니치 ➡ 레든홀 마켓 ➡ 포스트맨 파크 ➡ 세인트 폴 대성당 ➡ 트래펄가 광장&내셔널 갤러리 ➡ 웨스트 엔드 <해리 포터와 저주받은 아이> 뮤지컬

히스로 공항

킹스크로스역

Piccadilly Line Heathrow Terminals
1-2-3역에서 23 정거장, 1시간

Victoria Line King's Cross St,
Pancras역에서 3 정거장, 9분

웨스트민스터 궁 & 사원 & 빅 벤

Jubilee Line
Bond Street
역에서
2 정거장,
13분

옥스퍼드 스트리트 & 셀프리지스

Jubille Line Westminster역에서 3 정거장,
Bakerloo Line Baker Street역에서 1 정거장, 21분

리전트 파크 & ZSL 런던 동물원

도보 14분

캠던 마켓

🎬 러브 액추얼리 Love Actually (리처드 커티스 Richard Curtis 감독, 2003)

영국의 대표적인 로맨틱 코미디 영화 두 편의 각본을 맡았던 리처드 커티스가 각본과 감독을 맡아 스케치북 프로포즈 유행을 불러일으킨 장본인이다. 영화의 처음과 끝은 런던을 여행하는 사람들이 모두 거쳤을 히스로 공항 Heathrow Airport에서 촬영했고, 피터가 줄리엣과 결혼하는 교회 역시 런던에 있는 그로스브너 채플 Grosvenor Chapel이다. 런던 최고의 쇼핑 거리 옥스퍼드 스트리트 Oxford Street에 위치한 셀프리지스 Selfridges 백화점은 촬영 등의 이유로 문을 닫고 개방하지 않는 것으로 유명한데 리처드 커티스의 명성으로 단번에 영화 촬영을 허락했다는 후문이 있다. 영화 속에서는 이곳에서 알란 릭맨 Alan Rickman이 분한 해리가 부인을 위해 목걸이를 산다. 'All You Need Is Love'를 들으며 크리스마스의 런던을 느끼고 싶을 땐 근 10년이 지났지만 〈러브 액추얼리〉만 한 영화가 없다.

🎬 해리 포터 시리즈 The Harry Potter Series

킹스크로스역 한편에 사람들이 한데 모여 카트 손잡이를 잡고 해리 포터처럼 벽으로 들어가는 듯한 익살스러운 표정으로 사진을 찍고 있는 모습이 보인다면, 영화 촬영 장소를 관광 명소로 꾸며 놓은 9¾ 플랫폼을 찾은 것이다. 21세기 최고 베스트셀러 《해리 포터》 시리즈 일곱 권은 10년에 걸쳐 8편의 영화로 만들어졌는데, 마법 학교를 다니는 해리가 학교에서 보내는 장면은 모두 스튜디오에서 촬영된 것이지만 뱀에게 말을 거는 장면의 배경인 런던 동물원 London Zoo이나 도깨비들의 은행인 그링고츠 은행의 내부가 되어 준 오스트레일리아 하우스 Australia House 등 몇몇 영화 로케이션은 런던 도심에 위치하고 있다.

🚩TIP 실제 영화는 이곳에서 찍은 것이 아니라 4번 플랫폼에서 촬영했다고 한다. 킹스크로스역에 와서 영화 속 장소를 찾는 사람들 때문에 역에서 만들어 놓은 곳이다. 그래도 호그와트로 향하는 기차를 타러 갈 기분을 낼 수 있다면 아무럼 어떤가.

🎬 브이 포 벤데타 V For Vendetta (제임스 맥티그 James McTeigue 감독, 2005)

파시즘이 만연한 가상의 미래를 그린 〈브이 포 벤데타〉에서는 억압받는 회색빛 런던을 볼 수 있다. V가 올드 베일리 Old Bailey와 국회 의사당 The Houses of Parliament이 위치한 웨스트민스터 궁을 폭파시키는 장면이 영화의 하이라이트다.

🎬 어바웃 어 보이 About a Boy (크리스 웨이츠 Chris Weitz, 폴 웨이츠 Paul Weitz, 2002)

닉 혼비의 동명 소설을 원작으로 만들었다. 만년 백수 윌이 여자를 만나려는 의도로 접근했다가 어린 마커스와 친구가 되고, 마커스를 보살펴 주는 것으로 시작했는데 결국엔 자신이 마커스에게 많은 것을 배우게 되는, '윌'의 성장 드라마다. 마커스가 오리에게 빵을 주는 유명한 장면이 리전트 파크 Regent's Park에서 촬영됐다.

🎬 록 스탁 앤 투 스모킹 배럴즈 Lock Stock and Two Smoking Barrels (가이 리치 Guy Ritchie 감독, 1998)

유쾌하고 센스 있는 가이 리치 감독의 전매 특허 범죄 코미디 영화 중 대표작으로 꼽히는 작품으로, 런던의 별 볼일 없는 청년들이 도박판에 잘못 끼었다가 점점 걷잡을 수 없는 사태까지 번지는 심각하면서도 웃음을 참을 수 없는 이야기다. 마약 거래처로 등장하는 곳은 캠던 Camden의 스테이블스 마켓 Stables Market에서 촬영됐고, '사모안 조스' 편으로 나왔던 술집은 실제로 컬럼비아 로드 Columbia Road에 위치한 로열 오크 Royal Oak다. 칵테일 한 잔을 시켜 놓고 바 주인과 나누는 대화 장면은 별 액션이 없으면서도 코믹한 분위기 때문에 많은 사람들이 영화에서 가장 좋아하는 장면으로 꼽는다.

🚩TIP 또 다른 가이 리치의 영국 범죄 코믹 영화를 보고 싶다면 브래드 피트 Brad Pitt 주연의 〈스내치 (Snatch, 2000)〉와 좀 더 최근의 〈로큰롤라 (RocknRolla, 2008)〉가 있다.

Day 2

셜록 홈스 박물관 → 버틀러스 워프 부두 → 도보 15분 → 버로우 마켓

Jubilee Line Baker Street역에서
6 정거장, 30분

버로우 마켓 → 도보 11분 → 테이트 모던

당 르 누아르 ← 포토벨로 마켓 & 더 노팅힐 북숍 ← 테이트 모던

Central Line Holland Park역에서
8 정거장, 30분

Central Line St. Paul's역에서
9 정거장, 35분

• TV Show & Movie •

📺 **셜록**Sherlock (2010~2017)

엄청난 스토리 라인과 완성도 높은 에피소드들로 영국 드라마에 관심이 없던 사람들까지 모조리 팬이 되도록 한 근래 최고의 영국 드라마다. 1년에 한 시즌씩, 한 시즌에 세 편의 에피소드씩 감질나게 방영한다는 점이 아쉬운, 여태까지 만들어졌던 수많은 셜록 홈스 TV 시리즈 중 감히 역대 최고라 할 수 있는 작품이다. 베이커 스트리트Baker Street역 앞의 셜록 홈스 동상이나 부근의 셜록 홈스 박물관을 지나며 과거의 인물이라고만 상상했던 셜록의 현대적인 모습에 빠질 수 있는 색다른 셜록 드라마다.

🎬 **매치 포인트**Match Point (우디 앨런Woody Allen 감독, 2005)

결혼을 통한 신분 상승을 앞둔 테니스 강사 크리스가 처남이 될 톰의 약혼자 노라를 만나고 반해 일어나는 일련의 사건들을 스릴 있게 펼쳐 내는 우디 앨런의 영화로, 물론 런던이 배경이다. 감독은 제작비때문에 뉴욕이었던 배경이 런던으로 '어쩔 수 없이' 넘어왔다고 하지만 영화를 보고 나면 런던 말고 다른 곳에서 이 영화를 찍었으면 어떠했을지 상상할 수 없다. 주인공들이 삼자대면하는 테이트 모던Tate Modern과 크리스와 클로이의 펜트하우스급 신혼집의 통유리 너머로 보이는 템스강의 기가 막힌 풍경 두 장면만으로도 〈매치 포인트〉와 런던은 다른 짝과는 어울리지 않는다는 것을 알 수 있다.

🔖 TIP 〈매치 포인트〉를 시작으로 우디 앨런의 런던 사랑은 〈스쿠프(Scoop, 2006)〉와 〈환상의 그대(You Will Meet a Tall Dark Stranger, 2010)〉로 이어진다.

😊 브리짓 존스의 일기 Bridget Jones's Diary (새론 매과이어 Sharon Maguire 감독, 2001)

런던의 노처녀 브리짓의 좌충우돌 일과 연애를 다룬 동명의 책을 원작으로 하여 만든 영화로, 매일 다이어트를 다짐하고 지키지 못한다거나 고대하던 데이트에서 실수를 하는 빈틈 많은 주인공 브리짓 존스가 수많은 여성의 공감을 얻어 속편까지 큰 흥행을 거두었다. 브리짓과 클리버가 데이트를 하고 첫 키스를 나누는 곳은 템스강 아래 버틀러스 워프 Butler's Wharf, 브리짓의 집은 버로우 마켓 Borough Market의 글로브 Globe 펍 건물의 위층이다.

😊 노팅 힐 Notting Hill (로저 미첼 Roger Michell 감독, 1999)

평범한 서점 주인이 세계적인 영화배우와 사랑에 빠지는 이야기를 다룬, 런던을 가장 예쁘게 그려 낸 영화 중 하나다. 파스텔 톤 집들이 나란한 노팅힐을 배경으로 했고, 영화 제목 역시 이 동네의 이름을 그대로 따왔다. 영화 속 서점은 노팅힐에 실제로 있는 트래블 북숍 Travel Bookshop에서 촬영했고, 영화 초반에 주인공 윌이 커피와 오렌지 주스를 사 오는 카페 역시 지금은 문을 닫았지만 촬영 당시 노팅힐에 위치했던 곳이다. 영화 속 윌의 '파란 대문' 집은 실제로 〈노팅 힐〉의 극본을 쓴 리차드 커티스 Richard Curtis의 집이었다고 하니 자신이 살고 있는 거리와 동네에 대한 애정이 자연스레 묻어 나올 수밖에 없었을 것이다 (현재 영화 속 파란 대문은 촬영 후 엄청난 가격으로 경매에 붙여, 지금은 검은색 문으로 바꾸어 달았다).

> **TIP** 영화의 마지막 기자 회견 장면은 런던의 사보이 호텔 Savoy Hotel에서 촬영됐고, 줄리아 로버츠 Julia Roberts가 분한 안나가 묵는 호텔 역시 런던의 리츠 호텔 Ritz Hotel이다. 노팅힐을 벗어나 찍은 장면들도 대부분 런던과 근교에서 촬영했다.

😊 어바웃 타임 About Time (리차드 커티스 Richard Curtis 감독, 2013)

레이첼 맥아담스의 사랑스러운 미소가 인상적인 로맨틱 영화다. 시간 여행자와 사랑에 빠지며 겪게 되는 신비하고도 마음 저리는 일련의 이야기들이 런던을 배경으로 일어난다. 하이라이트 중 한 장면은 당 르 누아르 Dans le Noir라는, 어둠 속에서 식사를 하는 콘셉트의 식당에서 찍었는데 영화 이후로 많은 연인이 이 식당을 찾아 어둠 속 로맨틱 식사를 한다. 두 연인이 함께 사는 집은 노팅힐의 골본 로드 Golborne Road에 위치한다.

그리니치에서 마지막 날을 시작한다. 영화 〈레 미제라블Les Miserables〉(톰 후퍼Tom Hoper 감독, 2012)의 폭동 장면, 〈캐리비안의 해적: 낯선 조류Pirates of the Caribbean: On Stranger Tides〉(롭 마셜Rob Marshall 감독, 2011), 그리고 〈걸리버 여행기Gulliver's Travels〉(롭 레터맨Rob Letterman, 2010)의 릴리풋 수도로 등장하는 구 왕립 해군 대학Old Royal Naval College가 있다.

그리니치

레든홀 마켓
DLR Line Cutty Sark for Maritime Greenwich역에서 10 정거장, 26분

도보 15분

포스트맨 파크

도보 5분

세인트 폴 대성당
Circle, District Line Mansion House역에서 3 정거장, 19분

트래펄가 광장 & 내셔널 갤러리

도보 5분

웨스트 엔드 〈해리 포터와 저주받은 아이〉 뮤지컬

• **Movie** •

🎬 스카이폴Skyfall (샘 멘데스Sam Mendes 감독, 2012)

제임스 본드 시리즈의 최신작 스카이폴에서도 M이 폭발 사건 희생자들의 장례식에 참석하는 장면을 그리니치의 해양 대학교에서 찍었다. 정신적, 신체적으로 업무 복귀가 힘들다는 통보를 받고 나서 새로운 Q를 만나는 장면은 내셔널 갤러리National Gallery에서 촬영했다.

🎬 클로저Closer (마이크 니콜스Mike Nichols 감독, 2004)

주인공 댄과 알리스가 처음 만나 함께 가는, 그리고 후반부에 댄이 알리스를 떠나보내고 혼자 다시 찾는 포스트맨 파크Postman's Park는 세인트 폴 대성당 바로 뒤에 있는 아주 작은 공간이다. 영화의 여운을 간직하고 찾는 사람이라면 이 작은 공간에서 한참을 서성일 수 있을 것이다.

🎬 해리 포터 시리즈Harry Potter movies (2001~2011)

올드 스피탈필즈 마켓 가는 길목에 위치해 접근성이 좋지만 많은 사람이 그냥 지나치는 레든홀 마켓Leadenhall Market은 해리 포터 시리즈에서 다이애건 앨리Diagon Alley로 등장했다. 빨간 휘장으로 꾸며진 예쁜 시장으로 브릭 레인이나 캠던 등 런던의 다른 마켓들과는 사뭇 다른 자태를 뽐내는데, 규모도 그리 크지 않아 가볍게 둘러보기 좋다.

TIP 해리 포터 시리즈의 1, 2편을 합친 내용인 〈해리 포터와 저주받은 아이〉 뮤지컬은 최근 런던에서 좋은 반응을 얻고 있는 작품으로, 영화 팬이라면 분명 뮤지컬도 즐겁게 볼 것이다(홈페이지 www.harrypottertheplay.com).

알찬 1일 근교 투어

한 개 지역만 골라서 알차게 둘러보는 하루 코스다. 런던 시내에서 가 보고 싶은 곳이 그리 많지 않아 일정이 하루 여유가 있다면 런던과는 전혀 다른 매력을 가진 근교 도시로 떠나 보자.

> **Tip.**
> 런던 밖을 벗어나는 왕복 교통편과 역사와 문화를 알면 더 많이 보이는 근교 여행의 경우, 투어업체를 이용하는 것이 아무래도 편하다. 영어가 어느 정도 된다면 호스텔의 무료 투어 퀄리티가 상당히 좋고 친구도 사귈 수 있어 추천한다. 한인 민박에서도 투어를 진행하니 한국인 여행자들과 함께, 편한 모국어 투어를 받고 싶으면 숙소를 민박으로 알아보자. 숙소와 관계없이 자전거나라 등의 일일 투어업체를 이용해도 좋다. 런던은 대중교통이 정말 잘 되어 있어 혼자서도 물론 가능하다.

👤 런던 근교 투어업체

수많은 현지 투어업체들 중 추천하는 다음의 여행 전문사들은 옥스퍼드와 코츠월드 지역을 하루만에 모두 보는 코스로 요즘 가장 인기 있는 '옥코' 투어를 비롯해 케임브리지, 비스터 빌리지 명품 아웃렛, 그리니치, 배스, 스톤헨지 등 다양한 근교 투어를 진행한다. 프라이빗 투어나 런던 시내 투어도 물론 준비돼 있으니 박물관이나 관광 명소에 대한 설명을 들으며 편하게 이동하는 일정을 원한다면 시내 투어 코스도 살펴보자.

유로 자전거나라

가장 유명한 한국의 유럽 여행사로 철저하게 트레이닝하고 검증한 가이드들이 인솔한다. 노련하고 경험도 많아 좋으며 무엇보다 많은 사람이 이미 이용했기 때문에 후기가 많아 참고할 수 있다.

홈페이지 eurobike.kr
옥스포드, 코츠월드, 셰익스피어 투어 예약금 4만 원, 현지 지불금 100파운드(만 4세 이상)

런던 소풍

옥스퍼드, 코츠월드, 배스, 세븐 시스터즈 등 런던 근교, 콘
월 지역, 스코틀랜드 지역을 아우르는 영국 전문 투어 회
사. 영국 투어에 최적화돼 있다. 다년간의 가이드 경험을 바
탕으로 다양한 세대별 맞춤 소규모 그룹 여행을 진행한다.
소풍 사장님이 직접 준비해 주시는 김밥 도시락도 소풍만
의 매력이다.

홈페이지 londonsopung.com
전화 032-238-3116
카카오톡 londonsopung1 / @런던소풍
옥코 투어 3만 원+£65(입장료 별도, 점심 도시락 포함)

비가 와도 괜찮아!
24시간 런던의 아케이드

4만 개 이상의 상점이 있는 런던에서는 쇼핑할 곳을 찾는 것은 문제가 아니다. 하지만 가죽 공방, 앤티크 주얼리, 캐시미어와 테일러 셔츠 가게 등 '올드 런던'이 아직 많이 남아 있는 쇼핑 아케이드는 수많은 소매상 중에서도 특별한 존재다. 사실 궂은 날씨가 아니라도 일부러 찾아볼 만한 분위기 좋은 런던 시내 곳곳의 아케이드는 관광객들보다 런더너들의 사랑을 많이 받는다. 세로로 긴 천장이 있는 복도를 따라 걸으며 양옆의 작은 가게들을 잠깐씩 구경하다 보면 시간 가는 줄 모를 것이다.

벌링턴 아케이드 BURLINGTON ARCADE

1819년 문을 열고 런던에서 가장 잘 알려진 그리고 가장 전통적인 쇼핑 아케이드로 군림한 벌링턴 아케이드. 200년 전 현재 로열 아카데미 건물인 벌링턴 하우스에 살던 조지 카벤디시 경의 주문으로 만들어졌다. 자체 경찰과 자체 규칙과 법이 따로 있는데, 노래, 허밍, 악기 연주를 할 수 없고 자전거를 타거나 끄는 것도, 펼친 우산을 가지고 들어오는 것도 금지돼 있다는 점이 특이하다. 그러니 비가 오는 날 벌링턴으로는 꼭 우산을 접고 들어올 것을 잊지 말자. 빠르게 치솟는 런던 임대료로 인해 2005년 프루덴셜Prudential 기업은 아케이드의 소유권을 포기하고 아케이드는 개인 소유가 됐다. 75%의 수입이 런더너들에게서 오는 만큼 젊은 쇼퍼층을 겨냥한 대대적인 이미지 변신이 있을 계획인데, 상당수의 상점들은 잉글리시 헤리티지 English Heritage가 컨설턴트로 관리해 본래의 모습을 많이 보존할 예정이라니 다행이다.

주소 51 Piccadilly, Mayfair, W1J 0QJ 시간 8:00~21:30(월~토), 11:00~18:00(일) 홈페이지 www.burlingtonarcade.com

피커딜리 아케이드 PICCADILLY ARCADE

벌링턴 맞은편에 위치한 피커딜리 아케이드는 1909~1910년에 지어졌다. 아케이드가 위치한 지역에서 팔던 칼라 깃의 종류인 피커딜의 이름을 땄다. 이곳을 시작으로 런던 1세대 쇼핑센터들이 아케이드를 도입해 건물을 짓기 시작했다. 맞춤 양복으로 유명한 저민 스트리트Jermyn Street와 맞닿아 있어 피커딜리 아케이드 안에도 오랜 역사의 셔츠 메이커들이 많이 들어서 있다. 1933년 완공된, 피커딜리에 비해 상대적으로 덜 화려한 모습의 동생격 아케이드 프린스 아케이드Prince Arcade도 가 볼 만하다. 고급 수제 초콜릿 가게 프레스탓Prestat이 유명하다.

주소 Piccadilly Arcade, St. James's, SW1Y 6NH 홈페이지 www.piccadilly-arcade.com 전화 020-7647-3000

런던 패스
3일권 이용하기

똑똑한 런던 여행자는 런던 패스부터 구입한다. 패스 한 장으로 교통과 명소 입장, 쇼핑과 식당 할인 혜택 등 야무지게 다 챙겨 도시를 바쁘게 누비자. 아래 스케줄은 모두 3일권 런던 패스(교통권 포함 옵션)로 무료 입장, 사용이 가능한 곳들로 이루어졌다.
물론 유료 명소를 여러 곳 갈 계획이 아니라면 패스 구입이 오히려 손해일 수도 있으니 혜택받는 장소들과 가 보고 싶은 곳들을 먼저 대조해 보자.

1일차 버킹엄 궁 & 트래펄가 광장 & 타워 브리지 & 빅 벤 & 세인트 폴 대성당 등 ➡ 헨델 & 헨드릭스 인 런던 ➡ 템스강 보트 크루즈

2일차 런던 탑 ➡ 타워 브리지 ➡ 런던 브리지 익스피어리언스 ➡ 버로우 마켓 ➡ 테이트 모던 ➡ 셰익스피어 글로브 극장

3일차 윈저 성 또는 큐 가든 또는 키츠 하우스 ➡ 아스널/첼시 스타디움 투어 또는 윔블던 스타디움 투어

런던 패스에 포함되어 있는 투어 버스를 타고 도시의 윤곽과 분위기를 파악해 보자. 대강의 지리를 첫 날 파악한 후 동네의 우선 순위를 정해 일정을 재배치 하거나 날씨의 변수도 있기 때문이다. 1일권으로도 런던 주요 랜드마크는 거의 볼 수 있다. 숙소에서의 대중교통편이 그리 좋지 않다면 특히 큰 도움이 될 것이다. 골든 투어 또는 빅 버스 두 업체 중 하나를 골라 탈 수 있다.

버킹엄 궁 & 트래펄가 광장 & 타워 브리지 & 빅 벤 & 세인트 폴 대성당 등

↓

헨델 & 헨드릭스 인 런던
(2022년 7월 현재 임시 휴업, 방문 시 확인 필요)

→

템스강 보트 크루즈

런던을 더욱 깊숙하고 진하게 알아가는 날. 오랜 도시의 역사를 탐방하고 고유한 문화를 알아보자. 고전적인 미술부터 현대 회화까지, 내로라하는 작품들을 모두 보고 갈 수 있는 전시관들이 템즈 강 양쪽에 자리하고 있으며 강변에는 런던 탑과 이를 위시한 으스스한 체험관도 있어 매우 런던스럽고 잊지 못할 하루를 선사할 것이다.

런던 탑

도보 7분

타워 브리지

도보 15분

버로우 마켓

도보 11분

런던 브리지 익스피어리언스

도보 11분

테이트 모던

도보 3분

셰익스피어 글로브 극장

자연을 만끽할 수 있는 정원이나 근교 여행, 또는 가장 영국스러운 액티비티의 하루! 유난히 푸르름으로 가득한 대도시인 런던에는 쉬어 갈 녹음이 많다. 전시나 행사가 알차게 꾸려진 정원들이 특히 많고 대문호를 기념하는 전시관도 있으니 도심에서 벗어나 오후를 보내기에도 안성맞춤이다. 활동적인 여행자라면 영국과 뗄레야 뗄 수 없는 프리미어 리그 축구 경기 관람을 추천한다. 영국 신사들이 가장 열정적인 곳은 바로 축구 그라운드다.

원저 성 또는 큐 가든 또는 키츠 하우스

아스널 / 첼시 스타디움 투어 또는 윔블던 스타디움 투어

NOW

지 역 여 행

영국의 수도이자 세계 최대 도
시로 손꼽히는 곳이다. 어떤 것
을 기대하든 그 이상의 기쁨과
흥분을 주는 런던으로 떠나자.

시티오브
런던

City of London

고층 빌딩 사이에 숨어 있는 다양한 매력을 즐길 수 있는 시티오브런던

고층 빌딩을 뒤덮은 통유리에 반사되는 햇빛이 눈부신 런던에서 바쁜 비즈니스맨을 가장 많이 볼 수 있는 지역이다. 대부분의 런더너가 편하게 '시티'라고 칭하는 '시티오브런던'은 영국 경제 의 심장부다. 이 지역에서 유일하게 바쁘지 않은 사람들인 여행자들이 느긋하게 동네를 즐길 수 있도록 하는 문화 공간과 빌딩 숲 사이에 숨어 있는 작은 카페와 펍이 있다. 다양한 볼거리, 즐길 거리가 있는 만큼 역사, 쇼핑, 건축 등 여러 분야에 관심 있는 사람들을 모두 만족시킬 수 있다. 그만큼 바쁘게 돌아다녀야 한다. 볼만한 마켓이 많으니 각각의 영업 요일과 시간을 잘 살펴보는 것이 좋으며, 부지런히 걸어야 하니 체력을 고려해 여행 루트를 잘 짜는 것이 좋다.

시티오브런던

댄스 누아르
Dans le Noir?

룩 맘 노 핸즈!
Look Mum No Hands!

브레도스 타코스
Breddos Tacos

픽스 커피
Fix Coffee

파밍던역
Farringdon

바비칸역
Barbican

런던 박물관
Museum of London

바비칸!
Barbican

무어게이트
Moorgate

무어게이트역
Moorgate

시티 템스링크역
City Thameslink

세인트 폴역
St. Paul's

세인트 폴 대성당
St. Paul's Cathedral

원 뉴 체인지
One New Change

길드홀
Guildhall

더 네드 런던
The Ned London

뱅크역
Bank

뱅크역
Bank

빵크
빵크

캐넌 스트리트역
Cannon Street

모뉴먼트역
Monument

런던 대화재 기념비
Monument to the Great Fire of London

스카이 가든
Sky Garden

리버풀 스트리트역
Liverpool Street

리버풀 스트리트역
Liverpool Street

덕 앤 와플
Duck and Waffle

올드 스피탈필즈 마켓
Old Spitalfields Market

쇼디치 하이 스트리트역
Shoreditch High Street

레든홀 마켓
Leadenhall Market

거킨
The Gherkin

올드게이트역
Aldgate

세인트 존 브레드 앤드 와인
St. John Bread and Wine

올드게이트 이스트역
Aldgate East

런던 브리지
London Bridge

펜처치 스트리트역
Fenchurch Street

시티즌엠 타워 오브 런던 런던 호텔
citizenM Tower of London Hotel

타워 힐역
Tower Hill

런던 탑
Tower of London

세인트 캐서린 부두
St. Katherine's Dock

윌튼스 뮤직 홀
Wilton's Music Hall

카나리워프

런던 도클랜즈 박물관
Museum of London Docklands

카나리워프역
Canary Wharf

포플러역
Poplar

블랙월역
Blackwall

노스 그리니치역
North Greenwich

더 오투
The O2

에미레이츠 에어라인 케이블카
Emirates Air Line Cable Car

튜브 센트럴Central선 – 세인트 폴St. Paul's역

서클, 디스트릭트Circle, District선 – 타워 힐Tower Hill역, 모뉴먼트Monument역, 맨션 하우스 Mansion House역

센트럴, 노던, 워털루 앤드 시티Central, Northern, Waterloo & City선 – 뱅크Bank역

서클, 해머스미스 앤드 시티, 메트로폴리탄Circle, Hammersmith & City, Metropolitan선 – 바비칸 Barbican역, 엘드게이트Aldgate역, 엘드게이트 이스트Aldgate East역

기차 사우스이스턴Southeastern선 – 캐넌 스트리트Cannon Street역

템스링크, 사우스이스턴Thameslink, Southeastern선 – 블랙프라이어스Blackfriars역

템스링크Thameslink선 – 시티 템스링크City Thameslink역

그레이트 노던Great Northern선 – 무어게이트Moorgate역

시투시C2C선 – 펜처치 스트리트Fenchurch Street역

DLR 타워 게이트웨이Tower Gateway역

페리 시티 크루즈City Cruises, RB1, RB1X – 타워 피어Tower Pier

Best Course

대중적인 코스

세인트 캐서린 부두
〇
도보 8분
런던 탑

〇
도보 11분
거킨
〇
도보 5분
레든홀 마켓
〇
도보 17분

올드 스피탈필즈 마켓
〇
도보 1분
세인트 존 브레드 앤드 와인
〇
도보 14분
룩맘 노 핸즈
〇
버스 25번 타고 20분 또는 도보 30분
세인트 폴 대성당
〇
도보 3분
원 뉴 체인지
〇
도보 12분
윌튼스 뮤직 홀
〇
도보 3분
세인트 캐서린 부두

웅장하고 섬세한, 세계 3대 성당
세인트 폴 대성당 ST. PAUL'S CATHEDRAL

주소 St Paul's Churchyard, EC4M 8AD 위치 세인트 폴(St. Paul's)역에서 도보 1분 시간 8:30~16:30(월~토, 수요일 10:00, 마지막 입장 16:00) 요금 £18(18세 이상), £16(학생증 소유자와 65세 이상), £7.70(6~17세) *온라인 예매 시 할인 홈페이지 www.stpauls.co.uk 전화 020-7246-8350

런던의 대표 건축물 여러 개를 설계한 크리스토퍼 렌 경Sir Christopher Wren의 가장 대표적인 작품으로, 로마의 성 베드로 대성당 다음으로 세계에서 두 번째로 큰 돔을 머리 위에 얹고 있다. 35년이 걸려 완성된 이 성당의 돔은 530여 개의 계단을 지나야 오를 수 있지만 템스강을 가장 예쁘게 구경할 수 있는 곳이라 많은 사람이 기꺼이 수고한다. 타원형 구조에서 거의 왜곡되지 않고 소리가 전달되는 위스퍼링 갤러리 Whispering Gallery로도 유명한데, 서쪽 계단으로 올라가 대성당으로 들어가 이 위스퍼링 갤러리에서 벽에 대고 나지막이 속삭이면 32m나 떨어진 반대쪽 벽에서도 들을 수 있다. 이곳에서 손뼉을 한 번 치면 네 번의 메아리가 울린다고 한다. 렌 경을 포함해 웰링턴 장군, 넬슨 장군, 나이팅게일과 소설 《피터 팬》의 작가 J. 배리 등의 묘와 기념비가 있는 지하의 크립트Crypt도 보고 가자. 웰링턴, 넬슨과 윈스턴 처칠의 장례식이 이 성당에서 치러졌으며 1981년에는 찰스 왕세자와 다이애나 비의 결혼식이 성대하게 열리는 등 도시의 중요한 행사를 주최하는 장소로도 종종 사용된다.

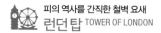

피의 역사를 간직한 철벽 요새
런던 탑 TOWER OF LONDON

주소 Tower of London, EC3N 4AB 위치 타워 힐(Tower Hill)역에서 도보 5분 시간 6/1~9/18 매일 09:00~17:30, 9/19~10/31 화~토 09:00~17:30, 일~월 10:00~17:30, *11~2월 동계에는 보통 한시간 일찍 앞당겨 폐관한다. (홈페이지 참조) 요금 £29.90(18~64세), £24(16~17세, 65세 이상, 학생, 장애인), £14.90(5~15세), 4세 이하 무료 홈페이지 www.hrp.org.uk/tower-of-london

런던 탑은 단일 탑 하나로 이루어진 것이 아닌 일련의 여러 건물을 통칭하는 이름이다. 현재 왕립 무기고로 사용되는 가장 먼저 지어진 화이트 타워White White Tower와 런던에서 가장 오래된 성당인 2층의 세인트 존스 성당St. John's Chapel, 왕가의 왕관과 보석을 보관하는 워털루 병영Waterloo Barracks 등의 총체로, 웨스트민스터 사원Westminster Abbey과 그리니치 해변 Maritime Greenwich과 더불어 런던의 3개 유네스코 세계 문화유산 중 하나다. 본래 궁으로 사용되기 위해 지어졌으나 런던 탑은 런던의 가장 섬뜩한 역사의 배경이 되기도 했는데, 튜더 왕조 헨리 8세의 수석 장관이었던 토머스 크롬웰Thomas Cromwell, 12세의 어린 나이로 섭정을 하다 삼촌에게 살해된 에드워드 5세Edward V, 헨리 8세의 두 번째 부인이었던 앤 불린 Anne Boleyn, 다섯 번째 부인이었던 캐서린 하워드 Catherine Howard, 9일 천하의 여왕 레이디 제인 그레이Lady Jane Grey를 포함해 수많은 런던의 왕족, 귀족, 정치가들이 런던 탑에 감금되거나 그곳에서 죽음을 맞이했다. 역사에 관심이 많은 사람은 런던에서 이곳을 가장 먼저 찾아본다고 한다. 그밖에 각자의 취향과 목적에 맞게 확장된 탑의 각기 다른 부분들을 비

교하며 살펴보는 것도 좋다. '아프리카의 별The Star of Africa'이라 불리는 세계에서 가장 큰 530캐럿짜리 다이아몬드가 박힌 왕홀Sovereign's Sceptre, 왕의 지팡이를 보러 주얼 하우스Jewel House에도 가 볼 것을 권한다.

Tip. 런던 탑의 문을 닫는 열쇠 의식 CEREMONY OF THE KEYS

런던 탑 티켓을 소지한 사람이라면 여왕의 열쇠를 들고 런던 탑 경호원들의 호위 아래 문단속을 하는, 무려 700년 동안 매일 해온 런던 탑의 문 닫는 의식을 구경할 수 있다. 이 의식을 보기 위해서는 21시 30분까지 줄을 서서 입장해야 한다. 5파운드 티켓은 홈페이지로 예매할 수 있다. 보초병과 문지기가 열쇠를 들고 '누가 오는가!', 열쇠요!', '누구의 열쇠인가!', '엘리자베스 여왕의 열쇠요!', '엘리자베스 여왕의 열쇠를 건네면 아무 탈 없다.'라며 나누는 대화나, 엄격하게 정해진 발걸음만큼 걸어가 문을 잠그고 밤 10시를 알리는 종이 칠 때 여왕의 보호를 바라는 기도를 하는 모습 등이 흥미로워 이 의식을 보려고 찾아오는 사람들이 많다.

홈페이지 www.hrp.org.uk/tower-of-london/whats-on/ceremony-of-the-keys

옥상 뷰가 환상적인 곳
원 뉴 체인지 ONE NEW CHANGE

주소 1 New Change, EC4M 9AF **위치** 세인트 폴(St. Paul's)역에서 도보 2분 **시간** 10:00~18:00(월~수, 금~일), 10:00~20:00(목) **홈페이지** onenewchange.com **전화** 020-7002-8900

바나나 리퍼블릭 Banana Republic, 올 세인츠 All Saints, 톱숍 Topshop, H&M, 등의 브랜드들이 집합해 있는 쇼핑몰로, 세인트 폴 대성당 바로 뒤에 있다. 난도스 Nando's, EAT, 수모 샐러드 Sumo Salad 등의 레스토랑과 카페도 입점해 있어 볼거리, 먹거리가 가득하다. 관광하느라 미루었던 쇼핑을 한 번에 하기에도 좋다. 원 뉴 체인지에서 가장 추천할 만한 레스토랑은 매디슨 Madison으로, 이곳의 옥상 테라스에서 바라보는 런던의 절경은 원 뉴 체인지의 1등 자랑거리로 꼽힌다.

옥상 뷰가 환상적인 곳
원 뉴 체인지 ONE NEW CHANGE

주소 1 New Change, EC4M 9AF **위치** 세인트 폴(St. Paul's)역에서 도보 2분 **시간** 10:00~18:00(월~수, 금~일), 10:00~20:00(목) **홈페이지** onenewchange.com **전화** 020-7002-8900

바나나 리퍼블릭 Banana Republic, 올 세인츠 All Saints, 톱숍 Topshop, H&M, 등의 브랜드들이 집합해 있는 쇼핑몰로, 세인트 폴 대성당 바로 뒤에 있다. 난도스 Nando's, EAT, 수모 샐러드 Sumo Salad 등의 레스토랑과 카페도 입점해 있어 볼거리, 먹거리가 가득하다. 관광하느라 미루었던 쇼핑을 한 번에 하기에도 좋다. 원 뉴 체인지에서 가장 추천할 만한 레스토랑은 매디슨 Madison으로, 이곳의 옥상 테라스에서 바라보는 런던의 절경은 원 뉴 체인지의 1등 자랑거리로 꼽힌다.

둥그렇게 솟은, 런던에서 여섯 번째로 큰 건물
거킨 THE GHERKIN

주소 30 Saint Mary Axe, EC3A 8TP **위치** 엘드게이트(Aldgate) 역에서 도보 5분 **홈페이지** thegherkin.com **전화** 020-7071-5000

2004년 완공됐으니 몇 백년 된 런던의 다른 구경거리들에 비해 '꼬맹이' 격인 거킨의 공식적인 이름은 30 세인트 메리 액스30 St Mary Axe다. 하지만 런더너들은 이 건물을 '절인 오이'라는 뜻의 '거킨'이라는 애칭으로 부른다. 런던에서 여섯 번째로 큰 건물인 거킨은 별명처럼 절인 오이 같기도, 세워 놓은 총알 같기도 하다. 혁신적인 디자인으로 영국 건축가 협회RIBA의 스털링상 Stirling Prize 을 받았다. 다이아몬드 모양의 유리 패널들이 촘촘히 붙어 있어 유난히 빛을 잘 받으니 날이 맑으면 템스강 가 어디에서도 둥그렇게 솟아 있는 거킨의 머리 부분을 볼 수 있어, 런던이 아직 서툰 여행자들의 길잡이가 되어 주기도 한다. 거킨의 둥그런 외관은 타 건물들에 비해 50%나 에너지를 절감할 수 있고, 채광과 통풍에도 더 유리해 직사각형의 타 건물에 비해 경제적이고 환경 친화적이다. 꼭대기 층에는 런던에서 가장 높은 곳에 위치한 레스토랑 시어시스Searcys가 있어 식사를 하며 360°로 런던의 경치를 감상할 수 있다.

12세기부터 런던 12개 길드의 본부 역할을 한 곳
길드홀 GUILDHALL

주소 Gresham Street, EC2V 7HH **위치** 뱅크(Bank)역에서 도보 5분 **홈페이지** www.guildhall.cityoflondon.gov.uk

12세기부터 지금까지 런던시 12개 길드guild의 본부 역할을 해 왔다. 런던 시장이 선출되면 바로 이 길드홀에서 축하연을 연다. 700여 점의 시계가 전시된 시계 박물관Guildhall Clockmakers' Museum(월~토 9:30~16:45)과 예술품 갤러리, 런던의 역사 기록을 소장하고 있는 도서관 등으로 이루어진 길드홀 지하에는 런던에서 가장 큰 중세 시대 굴이 있고 예약을 하면 무료로 가이드 투어를 받을 수 있다.

유럽에서 가장 큰 복합 예술 센터
바비칸 BARBICAN

주소 Silk Street, EC2Y 8DS 위치 바비칸(Barbican)역에서 도보 5분 시간 아트 갤러리: 일~수 (10:00~18:00, 마지막 입장 17:00), 목~토 (10:00~20:00, 마지막 입장 19:00), 바비칸 도서관: 월, 수, 금(09:30~17:30), 화, 목 (09:30~19:30), 토(09:30~16:00), 투어: 홈페이지 참조 홈페이지 www.barbican.org.uk 전화 020-7638-4141

2천 명을 수용할 수 있는 콘서트홀, 3개의 연극 공연장과 3개의 아트 갤러리, 3개의 레스토랑과 음악 도서관, 7개의 회의실 등을 갖춘 유럽에서 가장 큰 복합 예술 센터 중 하나다. 바비칸은 런던 심포니 오케스트라London Symphony Orchestra의 공연과 초현실주의 전시회, 영화 <대부> 상영 등 예술의 범주에 포함될 수 있는 모든 것을 찾아볼 수 있는 다양성을 자랑한다. '전초 기지' 또는 '통로'의 의미를 지닌 '바비칸'이라는 단어의 의미와 연관되도록 디자인돼, 이를 연상케 하는 해자, 포탑, 가늘게 베인 수직 형상과 같은 것들이 포함됐다. 출입문을 찾는 것이 좀 힘들지만 막상 들어가 분수대가 있는 야외 테라스를 포함한 바비칸의 13동을 돌아보면 후회하지 않을 것이다.

런던의 역사를 한눈에 볼 수 있는 곳
런던 박물관 MUSEUM OF LONDON

주소 150 London Wall, EC2Y 5HN 위치 ❶ 세인트 폴(St Paul's)역에서 도보 6분 ❷ 바비칸(Barbican)역에서 도보 6분 시간 10:00~17:00 요금 무료 홈페이지 www.museumoflondon.org.uk 전화 020-7001-9844

1976년 문을 연 이래로 선사 시대부터의 런던 역사를 보여 주고 있는데, '런던 이전의 런던London Before London'이라 이름 붙인 메인 갤러리에서는 로마 시대, 암흑 시대, 중세 시대, 튜더 왕조, 18세기, 빅토리아 시대 등 런던이 걸어온 발자취를 연대기별로 살펴보고자 하는 사람들에게는 많은 공부가 될 것이다. 20세기 초반 사용됐던 런던 택시 모형이나 시대별 의류, 무기, 동전이나 예술품 등이 전시돼 있고 사진과 영상 자료 또한 풍부하다.

유리 천장과 붉은 기둥이 인상적인 곳

레든홀 마켓 LEADENHALL MARKET

주소 Gracechurch Street, EC3V 1LT **위치** 모뉴먼트(Monument)역에서 도보 5분 **시간** 마켓은 24시간 오픈, 시장 내 개별 매장은 영업 시간상 이 **홈페이지** www.leadenhallmarket.co.uk

영화 〈해리 포터Harry Potter〉 시리즈 속 다이애건 앨리Diagon Alley 장면들의 배경으로 눈에 익은 레든홀 마켓은 근처의 스미스필드 마켓Smithfield Market을 설계한 호라스 존스 경Sir Horace Jones의 작품이다. 유리 천장과 견고한 붉은 기둥이 특징적이다. 보통 마켓들은 야외에 열리기 마련인데 앞뒤로는 뚫려 있으나 천장이 있어 덮힌 마켓covered market이라 한다. 식료품 등을 판매하며 음식점과 카페, 일반 상점이나 꽃 가게, 심지어 세탁소도 있다. 마켓의 모든 가게가 간판을 통일된 형식으로 맞추어 달아 놓은 것이 마치 작은 마을을 만들어 놓은 듯 예쁘다.

> **Tip.** 런던 대화재를 기억하는 석탑, 런던 대화재 기념비 | THE MONUMENT TO THE GREAT FIRE OF LONDON
>
>
>
> 1만 3천여 채가 넘는 런던의 집들이 모두 타서 연소했던 런던시의 역사상 최대 참극 중 하나인 1666년 런던 대화재가 시작된 곳에 세워진 61m의 비석이다. 독립 석탑으로는 가장 키가 크며 공식적인 이름은 '런던 대화재 기념비The Monument to the Great Fire of London'다. 영국 최고의 건축가 중 하나로 꼽히며 런던의 수많은 명소를 설계한 크리스토퍼 렌 경Sir Christopher Wren이 설계했으며, 기념비를 세우는 데에는 6년이라는 시간이 걸렸다. 전망대(성인 £3, 학생 £2)로 올라가면 마지막 불꽃이 쓰러진 지점도 볼 수 있다고 하는데, 엘리베이터 없이 311개의 계단으로 이루어져 엄두가 나지 않아 아래에서만 구경하는 사람들이 많다. 아무래도 좋은 일을 기념해 세운 탑이 아니니 많은 계단을 오르며 대참사에 희생된 사람들을 생각해 보라는 뜻으로 엘리베이터를 설치하지 않은 것은 아닐까 하는 생각도 든다.
>
> 주소 Fish Street Hill, EC3R 6DB **위치** 모뉴먼트(Monument)역에서 도보 2분 **시간** 주말과 학교 방학기간에만 개방(해마다 변경되니 홈페이지 참조) 09:30~30, 14:00~18:00 **요금** £5.80(16세 이상), £4.40(학생증 소지자, 장애인), £2.90(5~15세), 5세 미만과 장애인 동반자 1인 무료 *15세 미만 아동은 반드시 어른 동반 **홈페이지** www.themonument.org.uk

맛집 가득한 런던의 대표적인 시장
올드 스피탈필즈 마켓 OLD SPITALFIELDS MARKET

주소 16 Horner Square, E1 6EW **위치** 리버풀 스트리트(Liverpool Street)역에서 도보 9분 **시간** 10:00~20:00(월~수, 금), 8:00~18:00(목: 앤티크 마켓), 10:00~18:00(토), 10:00~17:00(일) *매달 1, 2주 금요일에 비닐 레코드 마켓 열림) **홈페이지** oldspitalfieldsmarket.com **전화** 020-7375-2963

17세기의 과채 상가에서 런던의 대표적인 마켓 중 하나로 거듭나기까지 올드 스피탈필즈 마켓의 역사는 화려하다. 원래 신선한 과일과 채소를 판매하다 프랑스 위그노들이 실크 산업을 들여온 후부터는 모차르트가 실크 코트를 이곳에서 사 가기도 했을 정도로 실크 산업의 대가로 성장했다. 세계 대전이 끝난 후에는 이민자들이 자국 요리를 판매하는 장도 열렸다. 사람들이 너무 많이 몰리자 교외인 레이턴Leyton 지역에 뉴 스피탈필즈 마켓New Spitalfields Market이 열렸고, 식재료 상인들은 이곳으로 옮겨 갔다. 새 시장이 생기면서 이름 앞에 '올드'를 달게 됐다. 빈티지 옷, 보석, 앤티크 등을 판매하고 요일별로 마켓에서 판매하는 상품들이 달라 어떤 날에는 신인 디자이너를, 어떤 날에는 오래된 화병을 가지고 흥정하는 할아버지, 할머니를 볼 수 있다. 마켓을 둘로 나누었음에도 여전히 '인기가 대단해 런던 경찰은 많은 인파로 생길 수 있는 사고를 방지하기 위해 올드 스피탈필즈 마켓 주변의 몇몇 거리를 '바른 행동 구역Good Behaviour Zones'으로 지정했다.

어둠 속 식사, 감각적인 레스토랑
당 르 누아르 DANS LE NOIR?

주소 30-31 Clerkenwell Green, EC1R 0DU **위치** 챈서리 레인(Chancery Lane)역에서 도보 10분 **시간** 18:00~21:45 (화~수), 17:00~21:45 (금), 13:00~15:45, 18:00~21:45 (토~일), 15분 간격으로 예약 가능 **가격** £46~(2코스 메뉴) **홈페이지** london.danslenoir.com **전화** 020-7253-1100

2004년 파리에서 개점해 마드리드 등 전 세계 10개 지점이 있는 시각 장애인 웨이터들이 서빙하는 레스토랑이다. 빛이 전혀 들어오지 않는 암흑 속에서의 식사는 새롭고 또 로맨틱해서 연인들에게 인기가 많다. 3개월마다 바뀌는 메뉴는 육류, 생선, 페스코, 베지테리언으로 나뉘며 구체적으로 무엇인지는 밝히지 않는 서프라이즈 메뉴로 미각으로만 음식을 알아 맞혀야 한다. 2013년 영화 〈어바웃 타임〉에 등장해 눈길을 끌기도 했다. 수익의 일부는 세계각국의 자선 단체에 기부한다.

 155m 높이의 환상적인 전망 좋은 레스토랑
스카이 가든 SKY GARDEN

주소 1 Sky Garden Walk, EC3M 8AF **위치** 모뉴먼트(Monument)역에서 3분 **시간** 10:00~18:00(월~금), 11:00~21:00(토~일) **홈페이지** skygarden.london **전화** 020-7337-2344

독특한 외관으로 '워키 토키'라는 별명을 가진 하늘 높이 솟은 35층의 레스토랑이자 전망대. 2015년 개점한 식당으로 남아프리카와 지중해에서 가져온 식물들로 가득한 이국적인 넓은 정원과 전망대를 갖고 있다. 꽃나무가 무성한 산등성이를 하산하는 기분으로 정원을 돌아볼 수 있는 것을 목표로 조성한 정원은 식사를 하지 않아도 올라와서 구경할 수 있으나 홈페이지를 통해 방문 일자와 시간을 미리 예약해야 한다. 프라이빗한 다이닝 공간과 가격이 부담 없는 브래서리, 전망을 위한 스카이 포드 바로 구분돼 있으며 식당 총 수용 인원수는 400명이다.

번잡한 시내를 벗어난 한적한 부두
세인트 캐서린 부두 ST KATHERINE'S DOCK

주소 50 St. Katharines Way, E1W 1LA **위치**
타워 힐(Tower Hill)역에서 도보 9분 **홈페이지**
www.skdocks.co.uk **전화** 020-7264-5312

세인트 캐서린 부두는 번잡한 시내에서 살짝
떨어져 있어 마치 한적한 해안가에 온 것 같은
느낌이 드는 곳이다. 선착장의 배에 묶여 있는
여러 색의 리본과 깃발이 신나게 바람에 몸을
맡긴 모습을 보면 덩달아 들뜨게 된다. 200여
척까지 수용할 수 있는 상당한 규모의 세인트
캐서린 부두는 유럽과 동인도, 아프리카와 극
동에서 설탕, 럼주, 차, 향신료, 향수, 대리석 등을 운반해 오는 배들을 맞이해 가장 중요한 영국 무역품들을
다루어 왔다. 현재는 기업, 개인 행사를 여는 데 장소를 대여하기도 하고 찰랑대는 물소리를 들으며 점심을
먹으려는 시티 직장인들의 아지트가 되어 주기도 한다. 클래식 보트 축제, 야외 영화 상영, 윔블던 경기 상
영, 패들보드나 요가 등 다양한 행사도 부두에서 열리며, 스케줄은 모두 홈페이지로 미리 공지하니 참여하
고 싶다면 미리 알아보자.

앤티크한 분위기의 멋진 공연장
윌튼스 뮤직 홀 WILTON'S MUSIC HALL

주소 1 Graces Alley, Whitechapel, E1 8JB **위치** 타워 힐(Tower Hill)역에서 도보 9분 **시간** 공연이 있는 날에
는 17:30~, 마티네 공연이 있는 날에는 13:00~ **홈페이지** www.wiltons.org.uk **전화** 020-7702-2789

19세기 중반 존 윌튼이라는 사람이 세운, 세계에서
가장 오래된 음악 공연장 중 하나로 런더너들이 '런
던의 숨은 보물'이라 칭하는 곳이다. 벗겨진 페인트
와 삐걱대는 목조 가구, 바닥은 오랜 역사를 고스란
히 증명한다. 누구나 이름을 들으면 아는 유명한 극
들은 볼 수 없으나 평론가들이 입을 모아 칭찬하는
작품들만 윌튼스에서 볼 수 있다. 연중 내내 기금을
조달해 건물 복원과 유지에 힘쓰고 있으며 역사 전
공자들이 역사 투어를 진행한다. 고풍스러운 인테
리어는 와인과도 잘 어울려 공연이 없더라도 칵테
일이나 위스키 한잔 마시러 들러 보자.

☕ 오래 머물고 싶어 천천히 커피를 마시게 되는 곳
픽스 커피 FIX COFFEE

주소 161 Whitecross Street, EC1Y 8JL 위치
올드 스트리트(Old Street)역에서 도보 7분 시간
9:00~19:00(월~금), 8:00~19:00(토~일) 전화
020-7998-3878

2009년 런던에 최고의 커피를 선보이겠다며 야
심찬 목표와 함께 문을 연 아티산 커피 전문점. 가
죽 소파와 빈티지 샹들리에가 편안하고 아늑한
분위기를 조성한다. 홈페이지에 사용하는 블렌
드와 필터, 기구를 자세히 명시하고 있어 까다로
운 입맛의 커피 애호가들도 만족스러운 한 잔을
주문할 수 있을 것이다. 카페에서 트는 음악도 좋

기로 유명한데, 홈페이지와 SNS에서 플레이 리스트를 공유하고 있다.
런던 내 픽스 126이라는 이름의 지점이 하나 더 있다(126 Curtain Road,
EC2A 3PJ).

☕ 자전거 가게와 카페의 독특한 결합
룩 맘 노 핸즈 LOOK MUM NO HANDS!

주소 49 Old Street, EC1V 9HX 위치 바비칸(Barbican)역에서 도보 6분 시간 8:00~16:00(월~금),
9:00~16:00(토), 10:00~16:00(일) 홈페이지 www.lookmumnohands.com 전화 020-7253-1025

자전거를 배우는 아이가 손을 놓고 외치는 말을 상호명으로 쓴 위트 넘치는 카페. 쇼디치의 힙함을 카페
로 빚으면 이곳이 아닐까. 아침 메뉴가 다양하고 맛있으며 커피나 차와 함께 먹기 좋은 스낵도 추천한다.
저녁에는 와인을 마시러 오는 사람들도 많다. 종종 스크린 사이클링과 같은 재미난 이벤트를 주최하며, 카
페 한쪽에서는 항상 자전거와 관련된 용품을 판매하고 있다. 노트북과 책을 들고 오래 머물다 가는 손님들,
단골손님이 많다. 매우 바쁜 시간, 주말에는 와이파이를 제공하지 않으니 참고하자.

런던 최고의 멕시칸 음식

브레도스 타코스 BREDDOS TACOS

주소 82 Goswell Road, EC1V 7DB **위치** 바비칸(Barbican)역에서 도보 6분 **시간** 12:00~15:00, 17:00~22:30(화~금), 12:00~22:30(토) **홈페이지** breddostacos.com **전화** 020-3535-8301

레코드판으로 틀어 주는 음악을 감상하며 매콤한 멕시칸 음식을 먹을 수 있는 곳이다. 대학 동창 두 명이 맨체스터에서 런던으로 넘어와 차린 작고 허름한 타코 가게는 푸드 트럭과 팝업 스토어를 거쳐 런던 동부에 자리를 잡을 수 있을 정도로 커졌다. 오로지 맛으로만 승부를 본 브레도스는 시그니처 메뉴인 쇼트 립 타코로 런더너들의 입맛을 사로 잡았다. 소셜 미디어에 엄청나게 소문이 나면서 타코 요리책도 출간하게 됐다. 두 친구가 멕시코와 뉴욕, LA를

여행하며 만들어 낸 오리지널 레시피 타코와 마가리타가 환상적으로 잘 어울린다. 가장 신선한 재료를 중시해 영국 전역의 신선한 농장에서 식재료를 공수해 사용한다.

달콤한 와플과 바삭 촉촉한 오리고기가 유명한 집

덕 & 와플 DUCK & WAFFLE

주소 110 Bishopsgate, EC2N 4AY **위치** 리버풀 스트리트(Liverpool Street)역에서 도보 4분 **시간** 24시간 **홈페이지** duckandwaffle.com **전화** 020-3640-7310

전통 영국식 요리를 선보이는 헤론 타워 40층에 위치한 전망 좋은 식당으로, 24시간 열려 있다는 점이 가장 좋다. 상호명이 곧 대표 메뉴로, 오리구이와 와플을 함께 먹을 수 있는 덕 & 와플 세트를 시켜 보자. 늦은 시간까지 공연을 보거나 바에서 시간을 보내고 첫차를 기다리기 마땅한 곳이 없을 때, 시차 적응을 하느라 새벽에 배가 고픈데 호텔 룸서비스는 시키고 싶지 않을 때, 고요하게 반짝이는 깊은 밤, 도시의 야경을 감상하며 칼질하기 안성맞춤인 곳이다. 일출을 보러 새벽 시간에 일부러 찾는 사람들도 있다. 예약은 필수다.

적당히 편안하고 적당히 기분 내기 좋은 맛집
세인트 존 브레드 앤드 와인 ST. JOHN BREAD AND WINE

주소 94-96 Commercial Street, E1 6LZ **위치** 엘드게이트 이스트(Aldgate East)역에서 도보 8분 **시간** 매일 12:00~15:00, 18:00~21:30 **홈페이지** stjohnrestaurant.com/a/restaurants/bread-and-wine **전화** 020-7251-0848

2003년 올드 스피탈필즈 마켓 맞은편에 문을 열었다. 베이커리 류만을 취급하다가 스미스필드 본점 식당보다 인기가 많아져 식사와 와인도 판매하게 됐다. 파인 다이닝이라기에는 캐주얼한 분위기지만 서비스도 훌륭하고 인테리어도 깔끔하며 음식 퀄리티도 좋아 주말 점심 식사하러 가기에 좋은 식당이다. 전통 영국식 레시피와 함께 달팽이 요리, 다람쥐 고기 등 영국식 타파스라 할수 있는 독특하고 참신한 메뉴들도 있다. 식사와 곁들이기 좋은 와인 리스트도 준비돼있다. 치즈와 디저트 메뉴가 특히 훌륭하니 메인에만 집중하지 말자. 와인 애호가들을 위해 소정의 코키지를 받고 서비스를 제공하니 참고하자.

든든한 밥 한 공기
온 더 밥 ON THE BAB

주소 9 Ludgate Broadway, London EC4V 6DU **위치** 세인트폴스(St. Paul's)역에서 도보 7분 **시간** 11:30~16:00(월~금) **가격** £9.8(비빔밥), £9.5(김치볶음밥) **홈페이지** onthebab.com **전화** 207-248-8777

웨스트 엔드 공연을 보기 전에 들러 비빔밥 한 그릇을 뚝딱 해치울 맛있는 한식집. 유럽 한식집들은 퓨전이 아닌 제대로 된 한식 요리를 못한다는 편견을 온 더 밥에서 완전히 떨칠 수 있다. 해물파전 등 소주와 어울리는 안주 메뉴도 많고 소주를 베이스로 한 칵테일도 개발해 놓았다. 쇼디치, 매릴러번과 세인트 폴 대성당 부근에도 지점이 있다. 테이크아웃도 가능하다.

카나리워프 CANARY WHARF

그리니치 가는 길에 지나는 환승지로만 알려져 있었지만 점점 개발되며 여행자들의 눈길을 끌고 있는 동네다. 역에서 잠시 내려 두어 시간 돌아보기 좋다. 한국의 여의도를 떠올리게 만드는 고층 유리벽 건물들과 현대적인 쇼핑몰, 가족 나들이에 추천할 만한 박물관과 멋진 전망의 케이블카도 있다.

문화 예술, 식도락과 쇼핑을 한번에
카나리워프 CANARY WHARF

주소 One Canada Square, E14 5AB **위치** 도클랜즈 라이트 레일웨이(DLR)선 카나리워프(Canary Wharf)역에서 바로 **시간** 마켓, 상점, 행사 별로 상이(홈페이지에서 개별 확인 가능) **홈페이지** canarywharf.com **전화** 020-7418-2000

300여 개의 상점이 서로 연결된 네 개의 쇼핑몰이 모여 있다. 작은 독립 상점부터 자라, 톱숍 등의 SPA 브랜드, 영국 로컬 브랜드와 익숙한 세계적인 디자이너 브랜드까지 모두 취급한다. 웨이트로즈 푸드 스토어와 유럽 최대 규모 헬스 클럽인 리복 스포츠 클럽, 카페, 식당, 시네마, 런던에서 가장 큰 규모의 옥상 정원과 대규모로 조성해 놓은 무료 예술 전시 공간도 갖추고 있으며 영화, 연극, 무용, 미술, 패션과 관련한 행사도 종종 열린다.

런던의 젖줄, 템스 역사를 알아보자
런던 도클랜즈 박물관 MUSEUM OF LONDON DOCKLANDS

주소 1 Warehouse, West India Quay, E14 4AL **위치** 도클랜즈 라이트 레일웨이(DLR)선 카나리워프(Canary Wharf)역에서 도보 7분 **시간** 10:00~17:00 **요금** 무료이나 홈페이지에서 입장 시간 예약 **홈페이지** www.museumoflondon.org.uk/museum-london-docklands **전화** 020-7001-9844

카나리워프는 로마 시대부터 무역을 담당하던 지역으로 이곳에서는 템스강과 선박업, 항구의 역사에 관한 전시를 볼 수 있다. 200년 이상 된 설탕, 커피, 럼주 창고 건물에 위치하며 주로 1970~80년대 발굴된 물건들을 사진 자료와 함께 전시해 놓았다. 꼭 이 지역과 관련 산업에 대한 것이 아니더라도 특별전을 통해 영국, 런던과 관련한 다양한 주제를 다루고 있어 유익한 내용을 쉽게 접할 수 있는 전시관으로 가족 여행자들에게 특히 인기가 많다. 타임아웃 런던TimeOut London에서 실시하는 런던 주민들이 뽑은 2015년 런던 최고의 명소 1위, 2016년 런던 최고의 명소 2위다.

다양한 체험 활동을 제공하는 대형 공연장
더 오투 THE O2

주소 Peninsula Square, SE10 0DX 위치 노스 그리니치(North Greenwich)역에서 도보 7분 홈페이지 www.theo2.co.uk

카나리워프에서 주빌리Jubilee선 튜브를 타고 한 정거장이면 도착하는 런던 최고의 공연장. 스폰서인 통신사의 이름을 딴 돔으로 맨체스터 아레나 다음으로 영국에서 두 번째로 규모가 큰 실내 공연장이다. 최근 뉴욕의 매디슨 스퀘어 가든을 제치고 세계에서 가장 바쁜 음악 공연장이기도 하다. 런던에서 공연하는 최고의 팝 스타들은 대부분 오투에서 만나볼 수 있다. 대형 시네마와 지붕 클라이밍 체험 '업 앳 더 오투Up at the O2', 여러 식당과 인근 갤러리도 있어 공연이 없어도 언제나 바쁘다.

템스강 위를 날아 보자
에미레이츠 에어 라인 케이블카 EMIRATES AIR LINE CABLE CAR

주소 Unit 1, Emirates Cable Car Terminal, Edmund Halley Way, SE10 0FR 위치 노스 그리니치(North Greenwich)역에서 도보 4분 시간 7:00~22:00 (월~목), 7:00~23:00 (금), 8:00~23:00 (토), 9:00~22:00 (일, 공휴일), 크리스마스 휴무 *19:00 이후는 12~13분 편도 이동이 25분으로 느리게 이동한다 요금 £6(성인 편도), £3(5~15세 편도) /온라인가 £5(성인 편도), £2.50(5~15세 편도) / *오이스터 카드 지불 시 할인 홈페이지 tfl.gov.uk/modes/emirates-air-line

2012년 에미레이츠 항공사 후원으로 개관하고 런던 교통청에서 운행, 관리하는 케이블카. 템스강 위를 높이 날아 이동하며 런던 시내 전경을 감상할 수 있다. 그리니치까지 이동하는 재미있는 교통수단이기도 하다. 약 10분 정도 운행하며(월~금, 7:00~9:00 동안에는 5분 운행으로 속도를 높인다) 저녁 7시 이후에는 탑승 시간이 배로 늘어나 왕복 25분의 여정 동안 음악과 영상을 틀어 준다. 런던 동부의 여러 명소에 관한 영상 가이드를 보며 강 위의 야경을 천천히 감상할 수 있다. 내리지 않고 올라갔다가 바로 내려오는 360˚ 투어도 있으며 최대 10명이 탑승할 수 있는 프라이빗 캐빈도 빌릴 수 있으니 단체 여행객은 문의해 보자.

메이페어
& 소호

Mayfair & Soho

런던을 대표하는 쇼핑과 식도락 중심지

북쪽으로는 옥스퍼드 스트리트를, 왼쪽으로는 하이드 파크, 오른쪽으로는 패링던 스트리트를
경계로 두고 그 사이 메이페어와 소호, 템플을 아우르는 지역을 말한다. 런던 중심부에 위치해
언제나 사람들이 넘쳐 나며 런던을 대표하는 백화점들과 체인 의류 상점의 본점, 여러 튜브역과
세계 각국의 요리 전문점이 모여 있다. 현재의 번화하고 밝은 분위기로는 사창가와 노숙자들이
가득했던 과거를 짐작할 수 없다. 강변에는 템스강을 마주하는 아름다운 서머싯 하우스가 있고
〈마이 페어 레이디My Fair Lady〉에서 오드리 햅번이 꽃을 팔던 코번트 가든도 있다. 번화한 도심
의 매력 외에도 다양한 모습이 가득해 소호에만 있어도 런던의 모든 매력을 느낄 수 있다.

셀프리지스
Selfridges

ⓗ 더 보몬트
The Beaumont

디즈니 스토어
Disney Store

본드 스트리트역
Bond Street

옥스퍼드 서커스역
Oxford Circus

옥스퍼드 스트리트
Oxford Street

토트넘 코트 로드역
Tottenham Court Road

ⓗ 더 런던 에디션
The London Edition

빅토리아 시크릿
Victoria's Secret

리버티 백화점
Liberty

스케치
Sketch

햄리스
Hamleys

디파트먼트 오브 커피 앤드 소셜 어페어스
Department Of Coffee And Social Affairs

ⓗ 더 리츠 런던
The Ritz London

그린 파크역
Green Park

포트넘 & 메이슨
Fortnum & Mason

랄프스 커피 & 바
Ralph's Coffee & Bar

에인트 낫싱 벗 더 블루스 바
Ain't Nothing but the Blues Bar

로니 스콧츠
Ronnie Scott's

피카딜리 서커스역
Piccadilly Circus

도버 스트리트 마켓
Dover Street Market

앤 & 엠즈 월드
M & M's World

레고 스토어
Lego Store

차이나타운
Chinatown

엑스페리멘틀 칵테일 클럽
Experimental Cocktail Club

메종 베르토
Maison Bertaux

ⓗ 샤크푸유
Shackfuyu

네이즈 야드 레미디스
Neal's Yard Remedies

트래펄가 광장
Trafalgar Square

내셔널 갤러리
National Gallery

TKTS

레스터 스퀘어역
Leicester Square

코번트 가든역
Covent Garden

ⓗ 디슘
Dishoom

ⓗ 파이브 가이즈
Five Guys

펀치 앤 주디
Punch & Judy

코번트 가든
Covent Garden

로열 오페라 하우스
Royal Opera House

차링 크로스역
Charing Cross

국립 초상화 미술관
National Portrait Gallery

세인트 마틴 인 더 필즈
St Martin-in-the-Fields

온 더 밥
On the Bab

런던 교통 박물관
London Transport Museum

서머싯 하우스
Somerset House

차링 크로스역
Charing Cross

임뱅크먼트역
Embankment

홀번역
Holborn

존 손 경의 박물관
Sir John Soane's Museum

튜브 베이커루, 피커딜리Bakerloo, Piccadilly**선** – 피커딜리 서커스Piccadilly Circus역
베이커루, 센트럴, 빅토리아Bakerloo, Central, Victoria**선** – 옥스퍼드 서커스Oxford Circus역
센트럴, 주빌리Central, Jubilee**선** – 본드 스트리트Bond Street역
센트럴, 노던Central, Northern**선** – 토트넘 코트 로드Tottenham Court Road역
노던, 피커딜리Northern, Piccadilly**선** – 레스터 스퀘어Leicester Square역
베이커루, 노던Bakerloo, Northern**선** – 차링 크로스Charing Cross역
베이커루, 서클, 디스트릭트, 노던Bakerloo, Circle, District, Northern**선** – 임뱅크먼트Embankment역

기차 사우스이스턴Southeastern**선** – 차링 크로스Charing Cross역

Best Course

프로 먹방러를 위한 코스

메종 베르토
⊙ 도보 5분
디슘
⊙ 도보 1분
TY 세븐 다이얼스
⊙ 도보 2분
**코번트 가든, 트래펄가광장,
서머싯 하우스(관광)**
⊙ 도보 15분
랄프스 커피 & 바
⊙ 도보 3분
**옥스퍼드 스트리트 &
리버티 백화점(쇼핑)**
⊙ 도보 12분
샤크푸유
⊙ 도보 2분
로니 스콧츠
⊙ 도보 6분
파이브 가이즈
⊙ 도보 4분
엑스페리멘틀 칵테일 클럽

쇼핑족을 위한 코스

옥스퍼드 스트리트
⊙ 도보 5분
스케치(점심)
⊙ 도보 5분
빅토리아 시크릿
⊙ 도보 4분
디즈니 스토어
⊙ 도보 10분
리버티 백화점
⊙ 도보 10분
포트넘 & 메이슨
⊙ 도보 8분
레고 스토어
⊙ 도보 1분
엠 & 엠즈 월드
⊙ 도보 3분
도버 스트리트 마켓
⊙ 도보 10분
닐스야드 레머디스
⊙ 도보 6분
코번트 가든 (쇼핑 및 저녁)

 런던에서 가장 바쁘고 번화한 대로
옥스퍼드 스트리트 OXFORD STREET

주소 Marble Arch, Bond Street, Oxford Circus, Tottenham Court Road **위치** 옥스퍼드 스트리트
(Oxford Street)역에서 나오면 바로

800m 정도 되는 이 대로 위에는 런던에서 가장 실적 좋은 매장들이 위치하고 있다. 셀프리지스Selfridges
를 포함한 많은 백화점과 여러 패션 브랜드의 대형 매장들 그리고 옥스퍼드 스트리트를 주로 하는 300
여 개의 상점 외에도 마블 아치Marble Arch, 본드 스트리트Bond Street, 옥스퍼드 서커스Oxford Circus,
토트넘 코트 로드 Tottenham Court Road와 같이 네 개의 튜브역이 있다. 차링 크로스 로드Charing Cross
Road와 같은 다른 주요 소호 길들과 맞닿아 있기도 하여 일정을 세우지 못한 날은 우선 옥스퍼드 스트리트
로 와서 어디로 갈지 골라 볼 것을 추천한다.

Tip. 셀프리지스 SELFRIDGES

1909년 해리 고든 셀프리지Harry Gordon Selfridge에
의해 설립된 백화점으로, 해로즈Harrods 다음으로 두
번째로 크다. 정식 명칭은 'Selfridges & Co.'이며, 각종
브랜드 상점 및 백화점 안에는 빅 브리티시 숍Big British
Shop이라는 매장이 특별히 개설돼 있다. 패션쇼나 골프
행사 등을 주최하던 역사 깊은 옥상은 시즌마다 다양한
테마로 파티를 열어, 셀프리지스를 방문하는 쇼퍼들은
옥상에서 런던의 중심부를 내려다보며 여유롭게 오후를
즐길 수 있다. 백화점 내 HIX 레스토랑 또한 추천한다.

주소 400 Oxford Street, W1A 1AB **위치** 본드 스트리트(Bond Street)역에서 도보 3분 **시간**
10:00~22:00(월~금), 10:00~21:00(토), 11:30~18:00(일) **홈페이지** www.selfridges.com

만남의 장소로 애용되는 런던의 대표 광장
트래펄가 광장 TRAFALGAR SQUARE

주소 Trafalga Square, WC2N 5DN **위치** 차링 크로스(Charing Cross)역에서 도보 4분 **홈페이지** www.london.gov.uk/about-us/our-building-and-squares/trafalgar-square

많은 런더너와 관광객이 약속을 잡을 때 만날 곳으로 가
장 자주 언급하는 곳이며, 런던시의 큰 행사들이 치러지
는 장소이기도 하다. 넬슨 제독이 나폴레옹의 프랑스를
무찌른 1805년의 트라팔가르 해전Battle of Trafalgar
에서 그 이름을 따왔다. 이 전투 이후로 영국의 위대한
영웅이 된 넬슨 제독을 기리는 '넬슨의 기둥Nelson's
Column'이 광장 한가운데에 우뚝 서 있다. 별다른 행사
가 없을 때는 분필 한 통을 가지고 작품을 만들어 내는 아

마추어 아티스트들이 광장 바닥에 그림을 그리기도 하고, 서커스나 코미디 공연도 심심찮게 볼 수 있다.

트래펄가 광장을 병풍처럼 두르고 있는 대형 미술관
내셔널 갤러리 NATIONAL GALLERY

주소 Trafalgar Square, WC2N 5DN **위치** 차링 크로스(Charing Cross)역에
서 도보 4분 **시간** 10:00~18:00(토~목), 10:00~21:00(금) **휴관** 12월 24~26
일, 1월 1일 **홈페이지** www.nationalgallery.org.uk **전화** 020-7747-2885

1824년에 38점의 회화로 시작해 현재는 보티첼리의 〈비너스와 마르스〉,
고흐의 〈해바라기〉를 포함해 2천 3백여 개의 작품을 전시하고 있는 내셔널
갤러리는 트래펄가 광장에 들어서면 가장 먼저 보이는 건물이다. 1250년
부터 1900년까지의 방대한 미술품을 시대순으로 감상하고 나면 다빈치,
모네, 렘브란트, 루벤스 등 서양 미술사의 걸출한 이름들을 모두 접하게 된
다. 무료로 가이드를 받을 수 있으며, 오디오 가이드를 들고 혼자 둘러보아
도 좋다.

Tip. 음악으로 가득한 트래펄가의 성당, 세인트 마틴 인 더 필즈 ST MARTIN-IN-THE-FIELDS
트래펄가 광장에서 내셔널 갤러리를 바라보면 오른편에 크게 솟아 있
는 성당이 보인다. 이곳이 바로 1주일에 스무 번 이상 예배를 드리는
세인트 마틴 인 더 필즈 성당이다. 런던은 대중과의 소통에 중점을 둬
2008년 대규모 리노베이션을 감행했으며, 하루 한 번 정도의 콘서트

도 열고 있어 웅장한 내부에서 공연을 볼 수도 있다. 성당 지하에 카페
인 더 크립트Café in the Crypt라는 식당이 있는데 성당보다도 더 찾
는 사람이 많다.

주소 Trafalgar Square, WC2N 4JJ **위치** 차링 크로스(Charing Cross)역에서 도보 4분 **시간**
9:00~17:00 **홈페이지** www.stmartin-in-the-fields.org **전화** 020-7766-1100

국립 초상화 미술관 NATIONAL PORTRAIT GALLERY
영국 유명 인사들을 한 번에 만날 수 있는 곳

주소 2 St Martin's Place, WC2H 0HE **위치** 차링 크로스(Charing Cross)역에서 도보 4분 **시간** 10:00~18:00(토~목), 10:00~21:00(금) **휴관** 12월 24~26일 **요금** 무료 **홈페이지** www.npg.org.uk **전화** 020-7306-0055

세계 최초의 초상화 미술관으로, 이곳의 헨리 8세와 엘리자베스 1세, 빅토리아 여왕, 찰스 1세 등의 초상화로 영국 왕가의 역사를 알 수 있으며 영국 역사에서 빼놓을 수 없는 윌리엄 셰익스피어, 크리스토퍼 렌, 윈스턴 처칠, 폴 매카트니, 데이비드 보위 등 저명인사들의 초상화도 걸려 있다. 연대기 순으로 전시돼 영국의 중요한 인물들을 한 명씩 거치며 영국 역사를 되짚어 볼 수 있다. 초상화는 회화에 한정된 것이 아니라 사진, 조각, 캐리커처 등 다양한 장르로 표현돼 감상하는 재미가 더욱 크다. 상설 전시 외에도 특별전이나 대형 전시회가 자주 열린다.

Notice 2022년 8월 현재 보수공사 등으로 2023년 봄까지 휴관

코번트 가든 COVENT GARDEN
없는 것 빼고는 전부 다 있는 시장

주소 The Market Building, WC2E 8RF **위치** 코번트 가든(Covent Garden)역에서 도보 1분 **시간** 애플 마켓 매일 10:00~18:00, 이스트 콜로네이드 마켓 매일 10:30~19:00 **홈페이지** www.coventgarden.london **전화** 020-7420-5856

작은 부티크들이 옹기종기 모여 아주 큰 시장을 형성한 코번트 가든에는 없는 것이 없다. £1에 기념 열쇠고리 세 개를 살 수도 있고, 폴 스미스, 버버리 등 명품 브랜드 쇼핑도 가능하며 고서적이나 가죽 재킷, 앤티크 주얼리를 득템할 수도 있다. 또 귀여운 인형극을 보거나 런던 교통의 역사도 배워 볼 수 있다. 영국산 주얼리, 가죽 제품을 주로 판매하는 북쪽 홀 North Hall의 애플 마켓Apple Market과 수공예품, 핸드백, 아동복, 캔디, 미술품 등을 판매하는 이스트 콜로네이드 마켓 East Colonnade Market 그리고 남쪽 광장South Piazza에서 열리는 앤티크, 의류, 미술품 시장인 주빌리 마켓Jubilee Market과 수많은 카페, 식당, 상점으로 이루어져 있다. 일주일 내내 문을 여는 마켓은 요일별로 판매하는 상품군이 다르며, 월요일에는 앤티크, 화~금요일에는 의류, 공예품, 음식 그리고 주말에는 수제 공예품을 주로 판매한다.

Tip. 오랫동안 사랑받는 손 인형극을 볼 수 있는 흥겨운 펍, 펀치 & 주디 PUNCH & JUDY

펀치 씨와 그의 부인 주디의 이야기를 다룬 전통 손 인형극으로, 16세기부터 지금까지 프랑스, 이탈리아 등 여러 나라에서 각기 다른 이름으로 불리며 오랫동안 사랑받아 왔다. 펀치 & 주디는 영국 손 인형극에서 부르는 이름으로, 카니발이나 축제, 생일 파티 등 흥겨운 행사에는 아직도 빠지지 않는 귀여운 캐릭터들이다. 1787년부터 이 자리에 있었던 이 펍은 앞서 설명한 유명 인형극의 이름을 따왔으며, 오늘날에도 펀치 & 주디 발코니에서 불시에 열리는 공연을 코벤트 가든 광장에서 구경하는 사람들이 많다. 메뉴는 스테이크 버거나 피시 앤드 칩스와 같은 전형적인 영국 음식으로 준비돼 있다.

주소 40 The Market, WC2E 8RF **위치** 코벤트 가든(Covent Garden)역에서 도보 3분 **시간** 11:00~23:00(월~목), 11:00~24:00(금~토), 11:00~22:30(일) **홈페이지** www.greeneking-pubs.co.uk/pubs/greater-london/punch-judy **전화** 020-7379-0923

런던의 차이나타운 CHINATOWN

이민자들이 형성한 동네라면 본래 교외 근처나 변두리에 위치하는 것이 대부분인데 런던의 차이나타운은 관광객들이 가장 많이 몰리는, 도심 정중앙의 알짜배기 소호에 있다. 제라드 스트리트Gerrard Street를 중심으로 형성된 꽤 큰 이 구역은 거리 이름을 영어와 한문으로 복수 표기를 해 두는 등 공식적으로 인정받은 중국 동네다. 중식 정자나 문 등이 종종 보이고, 영어와 중국어가 반반일 정도로 차이나타운은 상하이와 다름없다. 여덟 개에 £6에 판매하는 싸고 맛있는 샤오롱바오로 유명한 렁스 레전드Leong's Legend나 차차문Cha Cha Moon, 조이 킹 라우Joy King Lau, 동방 요리 전문점 만추리언 레전드Manchurian Legends 등 런더너들도 줄을 서서 들어가는 소문난 중식집이나 중국 기념품, 생필품을 판매하는 상점들이 즐비하다. 매년 구정Chinese New Year 행사도 이곳에서 열린다.

주소 Chinatown, London W1D **위치** 피커딜리 서커스(Piccadilly Circus)역에서 도보 5분 **홈페이지** chinatown.co.uk

오페라와 발레, 클래식 공연을 볼 수 있는 웅장한 극장
로열 오페라 하우스 ROYAL OPERA HOUSE

주소 Bow Street, WC2E 9DD **위치** 코벤트 가든(Covent Garden)역에서 도보 3분 **홈페이지** www.roh.org.uk **전화** 020-7240-1200

처음에는 연극과 오페라를 함께 상연했으나 18세기부터는 오페라 전용 극장이 됐다. 1732년 존 리치가 세운 것을 런던 국회 의사당 건물을 설계한 찰스 배리의 아들 에드워드 배리 경Sir Edward Barry이 1858년에 완성한 건물이 현재의 모습이며, 영국 왕립 오페라단The Royal Opera, 영국 왕립 발레단The Royal Ballet, 왕립 오페라 극장 관현악단The Orchestra of the Royal Opera House의 상주지다. 로열 오페라 하우스 내 비교적 작은 공연장인 린버리 스튜디오 극장Linbury Studio Theatre과 클로어 스튜디오Clore Studio에서는 주류에서 벗어난 무용과 음악 공연을 연다.

140년 역사의 고풍스러운 쇼핑 플레이스
리버티 백화점 LIBERTY LONDON

주소 Regent Street, W1D 5AH 위치 옥스퍼드 서커스(Oxford Circus)역에서 도보 4분 시간 10:00~20:00(월
~토), 12:00~18:00(일) 홈페이지 www.libertylondon.com 전화 020-3893-3062

1875년 개점한 런던의 대표 백화점 중 하나다. 검은 목조에 선이 굵은 튜더 양식 건물을 사용한다. 외관이
예뻐 쇼핑이 목적이 아니더라도 사진을 찍으러 오는 사람들도 있다. 리버티 프린트라고 하는 꽃, 페이즐리,
과일 무늬의 패브릭과 1층의 초콜릿 숍이 유명하다. 시즌마다 바뀌는 리버티 프린트는 나이키 등 여러 브랜
드와 협업해 다양한 제품을 내놓기도 하고 홈 재봉을 즐기는 사람들은 천을 구입해 가기도 한다. 유명 브랜
드와 신진 디자이너들을 모두 취급하는데 바이어, MD들의 수준이 훌륭해 아이쇼핑만 해도 무척 즐겁다.

동심을 자극하고 지갑을 열게 하는 동화 속 세상
디즈니 스토어 DISNEY STORE

주소 350-352 Oxford Street, W1C 1JH 위치 본드 스트리트(Bond Street)역에서 도보 1분 시간 9:00~21:00
(월~토), 12:00~18:00(일) 홈페이지 www.shopdisney.co.uk 전화 020-7491-9136

이곳에서는 어른들도 흥분을 감출 수 없다. 사람 크기만 한 미키 마우스 인형과 가장 최근에 출시된 디즈니
영화와 DVD 관련 제품들이 게임부터 의류, 그림책과 캔디에 이르기까지 다양하게 소개돼 있다. 가장 좋아
하는 디즈니 캐릭터를 찾아보는 사람들과 열광하는 아이를 쫓아다니는 어른들의 모습들이 많이 보이며, 가
족끼리 런던을 찾았다면 절대 빼놓을 수 없는 곳이다.

세련된 흑백 인테리어의 퓨전 인도 음식 전문점
디슘 DISHOOM

주소 12 Upper St Martins Lane, WC2H 9FB **위치** 레스터 스퀘어(Leicester Square)역에서 도보 2분 **시간** 8:00~23:00(월~목), 8:00~24:00(금), 9:00~24:00(토), 9:00~23:00(일), **휴무** 12월 25~26일, 1월 1~2일 **홈페이지** www.dishoom.com **전화** 020-7420-9320

세련된 흑백 인테리어의 디슘은 봄베이 오믈렛이나 칠리 치즈 토스트, 하우스 달 커리 등을 선보이는 퓨전 인도 음식 전문점이다. 예약하지 않으면 최소 30분은 줄을 서서 기다려야 할 정도로 인기가 많다. 입장해 바에서 맛있는 칵테일로 목을 축이고 메뉴를 고르며 좀 더 대기해야 비로소 테이블로 안내를 받아 런던 최고의 커리를 맛볼 수 있다. 촉촉한 닭고기 살과 땅콩, 야채와 톡 쏘는 소스가 어우러진 치킨 커리가 특히 맛있다. 좀 더 매콤한 스파이시 램 찹은 양고기를 즐기지 않는 사람들도 시도해 볼 만큼 소스 맛이 일품이다. 코번트 가든 외에도 킹스크로스, 카나비, 쇼디치 지점이 있다.

기념품으로 최고인 영국 국민 티 브랜드
포트넘 & 메이슨 FORTNUM & MASON

주소 181 Piccadilly, W1A 1ER **위치 ❶** 피커딜리 서커스(Piccadilly Circus)역에서 도보 5분 **❷** 그린 파크(Green Park)역에서 도보 5분 **시간** 10:00~20:00(월~토), 11:30~18:00(일) **홈페이지** www.fortnumandmason.com **전화** 020-7734-8040

1707년에 설립된 차와 식료품 전문점이다. 왕실에도 납품되는 포트넘 & 메이슨의 제품들 중 가장 유명한 것은 당연히 차다. 피커딜리에 위치한 화려한 상점은 디스플레이가 예쁘기로 유명해 건물 바깥에도 사람들이 많이 모여 있는 것을 볼 수 있다. 시즌마다 새롭게 출시되는 다양한 종류의 차를 담는 틴 케이스가 화려하고 아름다워 하나만 골라 나오기가 힘들다. 자체 블렌드를 만들어 무게를 달아 살 수도 있고 차와 곁들일 다양한 종류의 비스킷과 슈거 스틱 등 차 관련해서는 무엇이든 팔고 있다. 팔러Parlour, 갤러리Gallery 등 다양한 콘셉트의 바와 레스토랑도 있다.

진정한 패셔니스타를 위한 편집 숍

도버 스트리트 마켓 DOVER STREET MARKET

주소 18-22 Haymarket, SW1Y 4DG **위치** 피커딜리 서
커스(Piccadilly Circus)역에서 도보 3분 **시간** 11:00~
19:00(월~토), 12:00~18:00(일) **홈페이지** london.
doverstreetmarket.com **전화** 020-7518-0680

2007년 버버리가 플래그십 상점을 옮길 때 그 자리에
들어와 개점한 세계 최고의 편집 숍 중 하나이다. 현대 미
술 갤러리를 방불케 하는 아티스틱한 상품 디스플레이
가 인상적이다. 꼼데가르송의 디자이너 레이 가와쿠보
가 인테리어를 맡았으며 도버 스트리트 마켓 안에 아주 많고 다양
한 꼼데가르송 제품을 볼 수 있다. 시즌이 바뀔 때마다 발 빠르게 최
고의 남녀 의류, 잡화와 주얼리, 향수 아이템들을 선별해 가져다 놓
는다. 백화점보다도 더 트렌디하고 유명한 브랜드의 제품들을 찾아
볼 수 있다. 베트멍Vetement의 첫 영국 입점 상점이기도 하다.

비밀스럽고 사랑스러운 작은 박물관

존 손 경의 박물관 SIR JOHN SOANE'S MUSEUM

주소 13 Lincoln's Inn Fields, WC2A 3BP **위치** 홀번(Holborn)역에서 도보 3분 **시간** 10:00~17:00(수~일, 입
장마감 16:30) **요금** 무료 **홈페이지** www.soane.org **전화** 020-7405-2107

영국의 건축가 존 손 경이 자신이 직접 지은 건물에 이집트 왕의 석관이라든지 유명 만화가의 원화, 크리스토
퍼 렌의 건축 도면 등 세계 각지에서 수집한 개인 소장품들을 전시한 곳으로, 집인지 박물관인지 정확히 정의
를 내리기가 애매하다. 그가 죽은 후 180년이 넘도록 아무것도 바뀌지 않은 채 그대로 남아 있어 시간 여행
을 하는 묘한 기분이 든다. 존 손 경의 컬렉션이 워낙 방대해 그리 크지 않은 집을 한 바퀴 도는 데 꽤 오래 걸린
다. 미로 같은 공간을 조심스레 살피며 돌아다녀야 하는 이 특별한 박물관은 매달 첫 번째 주 화요일에 저녁
관람을 허용한다. 최소한의 조명만으로 집을 밝히는데, 낮에 관람하는 것에 비해 그 신비함이 배가 된다. 저
녁 관람이 있는 날은 두어 시간 전부터는 존 손 경의 박물관 앞에서부터 다음 블록까지 줄이 이어진다.

 섹시한 속옷과 달콤한 향수의 유혹
빅토리아 시크릿 VICTORIA'S SECRET

주소 111 New Bond Street, LO W1S 1DP **위치** 본드 스트리트(Bond Stree)역에서 도보 4분 **시간** 10:00~20:00(월~토), 12:00~18:00(일) **홈페이지** www.victoriassecret.co.uk **전화** 020-3148-1370

2012년 문을 연 빅토리아 시크릿의 영국 플래그십 스토어. 속옷, 잠옷, 생활복, 수영복, 운동복, 향수, 보디 제품 등 해마다 성대한 패션쇼로 공개하는, 시즌별로 바뀌는 아름다운 디자인의 수많은 제품을 판매한다. 한국과 속옷 사이즈 표기가 다르기 때문에 직원들이 고객이 새로 사이즈를 측정하고 원하는 디자인을 찾아 주는 등 필요한 제품에 관해 상세히 안내하고 착용과 구매를 돕는다. 다른 어떤 곳보다 제품이 다양하고 입고가 빨라 홈페이지에서 찾을 수 없는 제품들도 매장에서 볼 수 있다. 지하에는 서브 브랜드 핑크PINK 매장도 있다.

 랄프 로렌의 고전적인 카페 & 바
랄프스 커피 & 바 RALPH'S COFFEE & BAR

주소 1 New Bond St, London W1S 3RL **위치** 피커딜리 서커스(Piccadilly Circus)역에서 도보 7분 **시간** 10:00~18:00(월~수), 10:00~19:00(목~토), 12:00~18:00(일) **가격** £4(카푸치노), £14~(칵테일)

커피와 스낵, 간단한 식사와 칵테일에 최적화된 랄프 로렌 최초의 런던 다이닝 공간. 랄프 로렌의 런던 플래그십 스토어 옆에 있다. 고급스럽고 고전적인 인테리어가 소호의 모던한 카페들 사이에서 눈에 띈다. 뉴욕에 처음 생긴 랄프 로렌의 더 폴로 바The Polo Bar와 같은 따뜻하고 프라이빗한 클럽 분위기를 그대로 이어간다. 역시 승마를 주제로 한 소품들과 가구가 눈에 띈다. 테이블 자리는 24명, 바는 12명을 수용할 수 있다. 메뉴는 보통 아메리칸 스타일이며 커피는 랄프 로렌 커스텀 블렌드를 사용한다.

런던에서 가장 달콤한 공간, 초콜릿 세상

엠 & 엠즈 월드 M & M'S WORLD

주소 1 Swiss Court, WC2H 7DG 위치 ❶ 피커딜리 서커스(Piccadilly Circus)역에서 도보 2분 ❷ 레스터 스퀘어(Leicester Square)역에서 도보 2분 시간 10:00~24:00(월~토), 12:00~18:00(일) 홈페이지 www.mms.com/en-gb/ 전화 020-7025-7171

2011년 6월 개장한 엠 & 엠즈 월드는 세계에서 가장 큰 캔디 상점으로, 면적은 약 3,250m²다. 사람만 한 엠 & 엠 인형과 장난감, 캐릭터 상품은 물론 상상할 수 없는 모든 종류의 엠 & 엠 초콜릿을 판매한다. 비틀즈처럼 애비 로드Abbey Road를 건너는 M & M과 엘리자베스 여왕 엠 & 엠과 같은 영국적인 초콜릿 상품이나 졸업, 결혼식 등 특별한 날을 위한 엠 & 엠 등도 있다. 쉴 새 없이 노래하고 춤을 추는 매장 직원들이 집어 주는 초콜릿들은 모두 독특하고 기념품으로도 좋아 엠 & 엠 주방용품, 엠 & 엠 의류, 심지어 엠 & 엠 침구까지 가득 안고 매장을 나서게 되는 수가 있다.

상상력을 자극하는 장난감 세상

레고 스토어 LEGO STORE

주소 3 Swiss Court, W1D 6AP 위치 ❶ 피커딜리 서커스(Piccadilly Circus)역에서 도보 2분 ❷ 레스터 스퀘어(Leicester Square)역에서 도보 2분 시간 10:00~21:00(월~토), 12:00~18:00(일) 홈페이지 www.lego.com 전화 020-7025-7171

무엇이든 만들 수 있는, 세계에서 가장 창의적인 장난감을 판매한다. 레고 전문가들이 박물관의 큐레이터처럼 상점 내 모든 레고 상품에 대한 해박한 지식을 공유한다. 모델별, 특별 시즌 한정판, 색깔별로 레고 블록을 구분해 놓았으며 매달 윈도 디스플레이에 세워 둘 대형 모형을 새로 제작한다. 모자이크 메이커로 레고 초상화를 만들어 볼 수도 있고, 레고 상자를 스캔해 3D 완성 상태를 미리 볼 수도 있다. 수십 년 전 가지고 놀았던 레고를 추억하는 어른들과 엄마, 아빠 손을 잡은 꼬마 손님들도 모두 떠날 줄 모르는 동심의 나라다.

템스강 변에서 가장 우아한 건물
서머싯 하우스 SOMERSET HOUSE

주소 Strand, WC2R 1LA **위치** 템플(Temple)역에서 도보 5분 **시간** 갤러리&전시관 10:00~18:00 **휴관** 12월 25~26일 **홈페이지** www.somersethouse.org.uk(서머싯 하우스), www.courtauld.ac.uk(코톨드 갤러리) **전화** 333-320-2836

에드워드 6세 시대 서머싯 공작의 거처였던 서머싯 하우스는 현재 템스강 변에서 가장 웅장하고 우아한 건물이며, 다양한 예술 전시가 열리는 복합 문화 시설 공간으로 사용되고 있다. 서머싯 하우스 내 자리한 코톨드 갤러리Courtauld Gallery는 언제 가도 사람이 많지 않아 고야Goya나 르누아르Renoir의 대작들을 편안히 감상할 수 있다. 1층에는 톰스 키친 Tom's Kitchen이 있으며 여름에는 55개의 분수가 물을 뿜고 겨울에는 아이스 스케이트 링크로 변신하는 야외 광장 또한 서머싯 하우스의 자랑거리다.

두말할 것 없는 런던 최고의 베이커리
메종 베르토 MAISON BERTAUX

주소 28 Greek Street, W1D 5DQ **위치** 레스터 스퀘어(Leicester Square)역에서 도보 4분 **시간** 매일 9:30~18:00 **홈페이지** www.maisonbertaux.com **전화** 020-7437-6007

1871년 문을 연 프랑스 페이스트리 가게 메종 베르토는 아는 사람은 다 아는 런던 최고의 베이커리다. 엄마와 할머니의 단골집이라 자신도 여전히 찾아온다는 손님이 있을 정도로 오랫동안 사랑받아 온 메종 베르토에는, 프랑스 파티시에들이 발목까지 내려오는 흰 앞치마를 허리에 두르고 부서질 것 같은 파이들을 쉴 새 없이 내온다. 매일 구워 진열하는 타르트나 파이가 다르니 아무리 둘러봐도 메뉴는 보이지 않는다. 보고 집어 내면 포장해 주거나 2층에서 먹을 수 있도록 접시에 담아 준다. 좁은 1층은 언제나 문 밖까지 줄이 늘어서 있고, 매장 앞의 테이블 자리도 인기가 많다. 작은 페이스트리 두어 개만 사도 리본을 묶은 상자를 내주어 선물 같지만, 테이크 아웃보다는 코미디언 겸 예술가인 노엘 필딩Noel Fielding의 작품들이 걸려 있는 2층의 티 룸에서 따끈하게 한 주전자 가득 끓여 주는 차와 함께 먹고 갈 것을 추천한다.

 로맨스가 솟아나는 낭만적인 미슐랭 레스토랑
스케치 SKETCH

주소 9 Conduit Street, W1S 2XG 위치 옥스퍼드 서커스(Oxford Circus)역에서 도보 5분 시간 9:00~24:00(일~수), 9:00~다음 날 2:00(목~토) 홈페이지 sketch.london 전화 020-7659-4500

2005년 첫 미슐랭 별을 단, 무라드 마주즈Mourad Mazouz와 이미 한국에서는 유명한 '요리계의 피카소' 피에르 가니에르Pierre Gagnaire의 합작이다. 한때 크리스찬 디올Christian Dior의 아틀리에로 사용되기도 했던 건물에 들어선 스케치는 여러 개의 공간으로 나뉜다. "전 세계를 담고 싶어요.I want the whole world to be in it." 2012년 3월 리노베이션을 담당한 마틴 크리드Martin Creed의 말처럼 스케치의 여러 장소는 각기 다른 레스토랑들처럼 완전히 다르면서도 일관된 고급스러움을 보인다. DJ가 엄선한 음악을 들으며 작품을 감상하는, 가격대가 낮은 아트 갤러리 겸 레스토랑 더 갤러리The Gallery와 애프터눈 티를 판매하는 팔러Parlour, 숲속에서 식사하는 것 같은 느낌을 주는 라탄 가구로 꾸며진 글레이드Glade, 저녁에만 운영하는 이스트 바East Bar와 프랑스 음식을 선보이는 렉처 룸 & 라이브러리Lecture Room & Library 모두 독특하고 세련된 인테리어로 유명하며 레스토랑의 전화번호가 적힌 냅킨이나 알 모양의 화장실이 특히 자주 회자된다. 예약 없이는 절대 들어갈 수 없으며 오픈 이래 계속해서 인기 상승 가도를 달리고 있다.

세상 모든 장난감의 집합소
햄리스 HAMLEYS

주소 188-196 Regent Street, W1B 5BT **위치** 옥스퍼드 서커스(Oxford Circus)역에서 도보 4분 **시간** 10:00~21:00(월~토), 12:00~18:00(일) **홈페이지** www.hamleys.com

5천m2의 면적에 세계에서 가장 큰 장난감 상점인 햄리스는 7층에 걸쳐 곰 인형과 그림책, 피규어, 탈 것, 열차, 보드게임, 레고 등을 판매한다. 1938년에는 메리 여왕으로부터 그리고 1955년에는 엘리자베스 2세 여왕으로부터 왕실에 납품하는 사람들에게만 주어지는 왕실 조달증Royal warrant of appointment을 받았다. 왕자와 공주들도 가지고 놀던 햄리스 장난감을 구경하는 데에는 반나절도 모자랄 정도로 장난감의 수가 굉장히 많다. 알록달록하게 꾸며 놓은 매장에는 곰 인형을 직접 만드는 모습을 공개하기도 하고 때에 따라 특정 장난감 행사를 위해 부스가 설치되기도 한다.

유기농 화장품의 선두 주자
닐스야드 레머디스 NEAL'S YARD REMEDIES

주소 15 Neal's Yard, WC2H 9DP **위치** 코번트 가든(Covent Garden)역에서 도보 3분 **시간** 10:00~18:00(월~토), 11:00~18:00(일) **홈페이지** www.nealsyardremedies.com **전화** 020-7379-7222

닐스야드는 17세기 개발자 토머스 닐Thomas Neale의 이름을 딴 작은 골목이다. 쨍한 원색으로 색을 칠해 놓아 사진을 찍으러 오는 사람들도 많다. 동명 브랜드 닐스야드 레머디스는 자연적인 아름다움을 추구하고 환경을 보호하겠다는 취지로 한국에도 꽤 알려진 유기농 화장품의 선두 주자다. 유기농 화장품과 보디, 헤어용품들을 전문으로 하는 닐스야드의 제품 각각에 대한 점원의 설명을 듣다 보면 '도시의 공해에 찌든 피부를 위해 뭐라도 사야겠다.'는 생각이 마구 든다. 토너 한 병을 사도 함께 쓸 수 있는 제품을 샘플로 담아 주고 매장에 들어서면 막 끓인 차라며 상품을 권하기 전에 차부터 건네는 친절이 남다르다. 화장품 상점 주변에는 카페와 식당도 여럿 있다.

 전설적인 소호 재즈 스폿
로니 스콧츠 RONNIE SCOTT'S

주소 47 Frith Street, W1D 4HT **위치** 레스터 스퀘어(Leicester Square)역에서 도보 4분 **시간** 월~목 오픈: 18:00, 19:00~19:45(오프닝 공연), 20:15~22:15(메인 공연;인터벌 있음), 23:00~(밤 공연) / 금, 토 1st house(1부) 오픈: 18:00, 19:00~19:45(오프닝 공연), 20:15~21:30(메인 공연 후 1부 관객 퇴장), 2nd house(2부) 오픈: 22:30, 23:15~24:30(메인 공연), 다음 날 1:00~(밤 공연) / 일 런치 쇼 오픈: 12:00, 13:00~15:00(메인 공연, 인터벌 있음), 16:00(폐관), 저녁 공연 오픈: 18:30, 20:00~22:30(메인 공연; 인터벌 있음), 24:00(폐관) **홈페이지** www.ronniescotts.co.uk **전화** 020-7439-0747

소호의 전설적인 재즈 클럽인 로니 스콧츠는 아직 문을 열지 않은 아침에도 사람들이 기웃거리며 문에 붙어 있는 포스터를 보고 가는 곳이다. 색소폰 연주자였던 로니 스콧의 이 재즈 클럽은 미국 재즈 연주자들을 초청해 공연한 첫 영국 재즈 바였다. 소니 롤린즈Sonny Rollins 와 엘라 피츠제럴드Ella Fitzgerald도 공연했다는 이곳에는 여러 재즈 유명 인사들의 흑백 사진이 곳곳에 붙어 있고, 다른 곳이었다면 대문짝

만 하게 걸어 놓았을 공연 포스터들도 군데군데 뜯어진 채 사방에 붙어 있어 그 위엄을 실감케 한다. 2006년 대대적인 보수를 거쳐 좀 더 넓어진 로니 스콧츠는 해마다 8월에 2주간 영국 재즈 페스티벌Brit Jazz Festival을 연다.

Tip. 에인트 낫싱 벗 블루스 바 AIN'T NOTHING BUT BLUES BAR

'블루스밖에 없다.'라는 이름으로 1993년부터 소호 재즈 열풍을 이끌어 온 이곳은 낡은 블루스 곡 가사들로 벽을 도배해 꾸미고 하울링 울프Howlin' Wolf 와 같은 재즈 전설들의 포스터를 걸어 놓은 채 일주일 내내 수준 높은 재즈 공연을 선보인다. 토요일 오후에는 오픈 마이크 공연이, 일요일 오후와 월요일 저녁에는 잼 세션이 있다. 저녁 8시 30분 전에 도착하면 대부분의 경우 입장료가 무료라는 점 역시 마음에 든다.

주소 20 Kingly Street, W1B 5PZ **위치** 옥스퍼드 서커스(Oxford Circus)역에서 도보 5분 **시간** 17:00~다음 날 1:00(월~수), 13:00~다음 날 1:00(목), 13:00~다음 날 2:00(금~토), 13:00~23:30(일) **요금** 입장료 무료(일~화) **홈페이지** www.aintnothinbut.co.uk **전화** 020-7287-0514

전문가들도 인정하는 에스프레소

디파트먼트 오브 커피 앤드 소셜 어페어스
DEPARTMENT OF COFFEE AND SOCIAL AFFAIRS

주소 3 Lowndes Ct, Carnaby, London W1F 7HD **위치 위치** 피카딜리 서커스(Piccadilly Circus)역에서 도보 8분 **시간** 9:00~16:00(월~금), 10:00~17:00(토), 11:00~16:00(일) **휴무** 일요일 **홈페이지** www.departmentofcoffee.com

아주 사무적으로 들리는 이름을 달고 있는 시크한 검은 간판을 따라 들어서는 순간 훌륭한 커피의 향연이 펼쳐진다. '커피를 중심으로 커피 전문가들과 디자이너, 예술가들의 모임터가 되고자 한다.'는 이곳은 예술 감각이라고는 눈곱만큼도 없는 손님이라 할지라도 박대하지 않는다. 예술 사진이 나란히 걸린 벽을 뒤로하고 정갈하게 놓인 샌드위치와 페이스트리 중 마음에 드는 것을 골라 DCSA가 가장 자신 있게 선보이는 에스프레소 베이스 커피 메뉴나 핸드 블렌드 티와 함께 마실 것을 추천한다. 뒤편에 있는 회의실은 예약제로 사용 가능하다. 런던에는 총 10개의 지점이 있다.

무엇이든 칵테일로 승화시키는 곳

엑스페리멘틀 칵테일 클럽 EXPERIMENTAL COCKTAIL CLUB

주소 13A Gerrard Street, W1D 5PS **위치** 레스터 스퀘어 (Leicester Square)역에서 도보 3분 **시간** 18:00~다음 날 3:00(월~토), 18:00~24:00(일) **홈페이지** www.chinatownecc.com

바쁜 날에는 문 앞의 바운서가 막기도 한다는 소호의 유명한 칵테일 클럽이다. 칵테일에 들어갈 수 있을 거라 상상할 수 없는 고추, 계란 흰자 등을 섞어 만드는 생제르맹데프레Saint Germain des Pres부터 1950년대 빈티지 고든스Gordon's로 만드는 £150의 최고가 마티니까지 없는 것이 없다. 특이하게도 전화 예약은 받지 않고 화~토요일 오후 5시 전까지 이메일 (reservation@chinatownecc.com)로 연락을 취하면 예약을 할 수 있다.

 한국인 입맛에 딱인 이자카야
샤크푸유 SHACKFUYU

주소 14A Old Compton Street, W1D 4TJ 위치 레스터 스퀘어(Leicester Square)역에서 도보 4분 시간 12:00~22:00(월~토), 12:00~21:00(일) 홈페이지 www.bonedaddies.com/restaurant/shackfuyu 전화 020-3019-3492

일본식 이자카야지만 양념통닭이 최고 인기 메뉴 중 하나일 정도로 한국 손님들이 즐겨 찾는다. 런던의 유명한 일본 라멘 바 본 대디스Bone Daddies(31 Peter Street, W1F 0AR)의 팀 작품으로 샤크푸유는 원래 팝업 스토어로 문을 열었다가 엄청난 인기에 영구 개점하게 됐다. 예약하지 않고 식사 시간에 맞추어 가면 대기해야 할 가능성이 크다. 오코노미야키, 새우 토스트 등 해산물 요리도 다양하고 맛있지만 샤크푸유의 No. 1 베스트셀러는 이곳의 디저트 메뉴인 맛차 프렌치토스트다. 녹차 아이스크림을 올려 주는 이 토스트만 먹으러 일부러 오는 사람들도 많다. 식사 양이 꽤 푸짐한 편이라 후식을 위해 배불리 먹지 않도록 하자.

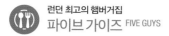

런던 최고의 햄버거집

파이브 가이즈 FIVE GUYS

주소 1-3 Long Acre, WC2E 9LH   위치 레스터 스퀘어(Leicester Square)역에서 도보 1분   시간 10:30~23:30(월~목), 10:30~24:00(금~토), 10:30~22:30(일)   가격 £7.25(기본 버거)   홈페이지 www.fiveguys.co.uk 전화 020-7240-2057

1986년 미국 워싱턴에서 탄생한 파이브 가이즈의 코번트 가든 지점이다. 깔끔하고 고소한 땅콩 오일을 사용해 육즙 가득한 패티와 끝없이 들어가는 감자튀김은 패스트푸드라 말하기 미안할 정도로 맛있다. 취향대로 재료를 골라 주문할 수 있는데, 무려 25만 종류의 햄버거 조합이 가능하다고 한다. 절대 냉동 패티를 쓰지 않아 신선한 고기 맛을 입안 가득 느낄 수 있다. 주문한 메뉴를 기다리며 무한 리필 되는 땅콩을 집어 먹는 재미도 쏠쏠한 유쾌한 이 버거 가게의 런던 내 다른 지점들은 홈페이지에서 검색 가능하다.

웨스트 엔드 WEST END

사실 웨스트 엔드라는 이름에 공식적으로 해당하는 지역은 이보다 훨씬 넓어, 소호Soho와 메이페어 Mayfair 등을 포함한 차링 크로스Charring Cross 서쪽 지역을 크게 둘러싼다. 그러나 대부분의 런던 너들은 레스터 스퀘어Leister Square와 코번트 가든Covent Garden 근처의 극장들이 집합해 있는 동네를 웨스트 엔드라 칭한다. 도시의 매연에 가장 영향을 덜 받는 지리적인 위치로 인해 꾸준히 인기가 있었던 이 지역은 현재도 세계에서 가장 땅값이 비싼 곳이지만 여러 극장의 티켓이 매일 팔려 나가는 모습을 보면 임대료를 내는 데에는 전혀 문제가 없을 것 같다.

뉴욕의 브로드웨이와 함께 세계 뮤지컬계의 양대 산맥이라 하는 런던의 웨스트 엔드에서는 현재 30편이 넘는 뮤지컬과 60편가량의 연극이 매일 막을 올린다. 1800년대 처음 생겨나기 시작한 극장들은 1843년 극장 규제법Theatre Regulations Act이 개정된 이후로 더욱 많이 들어서서, 현재는 웨스트민스터 의회Westminster Council와 런던 극장 연합Society of London Theatres이 '극장 지역 Theatreland'이라 명명한 이 지역에 40여 개의 극장이 위치한다. 연극 공연들도 활발히 이루어지고 있지만 웨스트 엔드의 주역은 뮤지컬이다. 수십 년이 넘도록 인기가 사그라들지 않는 작품들이 많으나 요즘 가장 인기가 많은 공연은 〈마틸다Matilda〉와 〈해리 포터와 저주받은 아이Harry Potter and the Cursed Child〉. 웨스트 엔드는 끊임없이 변화하고 진화하고 있다.

😀 공연장, 어떤 자리가 좋을까?

뮤지컬이나 연극이 상연되는 실내 공연장에는 공연장에서 가장 많은 좌석이 할당되는 오케스트라와 같은 높이의 1층 좌석 스톨Stall, 그 위층인 드레스 서클Dress Circle, 같은 층에 따로 분리된 박스형 좌석인 로열 서클Royal Circle, 3층의 어퍼 서클Upper Circle 혹은 그랜드 서클Grand Circle 그리고 큰 공연장의 경우 4층의 발코니Balcony와 5층의 앰피시어터Amphitheatre가 있다. 이 중 자신의 예산과 좌석의 특징에 따라 표를 고를 수 있는데, 1층 스톨 좌석도 맨 뒤쪽에 있는 좌석들은 기둥 등에 가려 시야가 트이지 않을 수 있어 가격이 위층좌석보다 조금 더 싼 편이다. 무대를 한눈에 볼 수 있는 드

레스 서클 좌석이 인기가 많은 편이며 그 이상 위층으로 올라가면 경사가 심한 편이라 공연자들의 정수리가 꽤 많이 보일 것이다. 로열 오페라 하우스나 새들러스 웰즈 극장, 바비칸 등은 엘리베이터가 설치돼 있지 않아 걸어서 올라가야 한다는 불편함도 감수해야 한다.

Tip. 웨스트 엔드 뮤지컬 티켓 구매하기

1. 온라인 구매

- officiallondontheatre.com
- londontheatrebookings.com
- www.ticketmaster.co.uk
- www.londontheatre.co.uk
- www.encoretickets.co.uk

수많은 웹 사이트에서 티켓을 판매한다. 입장 시 우편으로 미리 받은 티켓을 확인하거나 티켓 영수증을 보여 줘야 한다. 때로는 구매한 신용 카드를 보일 것을 요청하기도 하니 챙겨 가는 것이 좋다.

2. 극장 구매

당일이 아니라면 지나가다 보고 싶은 공연의 포스터를 보고 극장에 들어가 앞으로의 일정을 미리 예매할 수 있다. 하지만 인기가 많은 공연은 티켓이 없을지 모르니 찾아가는 수고를 할 거라면 TKTS에서 표를 구매하는 편이 훨씬 저렴하다.

3. TKTS

런던 극장 연합이 1980년 설립한 TKTS는 당일 공연 티켓을 약 50% 할인된 금액에 판매한다. TKTS 외에도 웨스트 엔드 곳곳에서는 '반값 Half Price'이라는 푯말을 들거나 걸어 놓은 곳들이 많이 보이는데, 공식 할인 판매처가 아니라 할인율이 다를 수 있다. 선착순으로 기다려 판매하기 때문에 10시에 문을 열지만 이보다 일찍 줄을 서서 기다리는 사람들이 많다. 현금, 카드로 결제가능하다.

위치 레스터 스퀘어(Leister Square)역과 피커딜리 서커스(Piccadilly Circus)역 사이 레스터 스퀘어 안 **시간** 10:30~18:00(월~토), 12:00~16:30(일) **홈페이지** officiallondontheatre.com/tkts

* 학생 할인

대부분의 공연은 월~목요일에 한해 학생 할인을 제공하는데, 공연 당일 오전 또는 공연 시작 한 시간 전쯤 해당 극장에서 구할 수 있다. 국제 학생증을 꼭 제시해야 한다.

Tip. 소호 주요 거리가 한데 모이는 뮤지컬의 중심지, 피커딜리 서커스 PICCADILLY CIRCUS

1819년, 리전트 스트리트와 피커딜리의 쇼핑 거리를 잇기 위해 지어진 피커딜리 서커스는 우리가 흔히 알고 있는 서커스의 뜻이 아니라 동그라미circle를 뜻하는 라틴어에서 유래했다. 헤이마켓Haymarket, 샤프츠버리 애비뉴Shaftesbury Avenue 등의 거리들이 모이는 이 교차로가 둥그런 모양으로 열려 있기 때문에 피커딜리 서커스가 된 것이다. 웨스트 엔드라

부르는 극장들의 밀집 지역과 가장 가까운 동명 튜브역이 위치하고 있으며 오데옹Odeon과 뷰Vue 등의 영화관까지 있어, 다른 동네보다 소개해야 할 곳이 훨씬 더 많다.

위치 피커딜리 서커스(Piccadilly Circus)역에서 바로

킹스
크로스

King's Cross

맛있고 즐겁다! 잠들지 않는 런던 교통의 중심지

런던 교통의 중심부로만 알려졌지만 킹스크로스와 세인트 팽크러스역을 중심으로 즐길 수 있는 문화와 쇼핑, 먹거리와 볼거리가 매우 많다. 수많은 펍과 클럽은 말할 것도 없고, 한적한 교외에 나온 듯한 리전트 운하Regent's Canal와 런던을 대표하는 박물관, 도서관, 갤러리 등 원하는 만큼 여러 가지를 즐길 수 있다. 유럽 전역에서 런던으로 기차를 타고 여행 오는 사람들이 가장 먼저 만나는 런던의 모습이기에, 매일같이 공사 현장을 볼 수 있을 정도로 이 지역은 나날이 발전하고 있다.

킹스크로스

라이딩 하우스 카페
Riding House Café

바거 & 롭스터

카페인
Kaffeine

어텐던트
Attendant

폴록스 장난감 박물관
Pollocks Toy Museum

구지 스트리트역
Goodge Street

그레이트 포틀랜드 스트리트역
Great Portland Street

워런 스트리트역
Warren Street

유스턴 스퀘어역
Euston Square

웰컴 컬렉션
Wellcome Collection

리젠트 파크역
Regents Park

모닝턴 크레센트역
Mornington Crescent

유스턴역
Euston

세인트 팬크라스 샴페인 바
St. Pancras Champagne Bar

대영 도서관
The British Library

베누고
Benugo

세인트 팬크라스역
St. Pancras

킹스크로스역
Kings Cross

9와 3/4 플랫폼
9 3/4 Platform

뿌이뿌이 하우스
킹스크로스역 & 세인트 팬크라스역
Kings Cross & St. Pancras Station

캐러밴
Caravan

그레너리 스퀘어
Granary Square

런던 운하 박물관
London Canal Museum

에미레이츠 스타디움
Emirates Stadium

대영 박물관
British Museum

만화 박물관
Cartoon Museum

러셀 스퀘어역
Russel Square

홀번역
Holborn

우표 박물관
The Postal Museum

챈서리 레인역
Chancery Lane

패링턴역
Farringdon

엑스마우스 마켓
Exmouth Market

에인절역
Angel

튜브 베이커루, 피커딜리Bakerloo, Piccadilly**선** – 피커딜리 서커스Piccadilly Circus역
노던Northern**선** – 에인절Angel역, 구지 스트리트Goodge Street역
서클, 해머스미스 앤드 시티, 메트로폴리탄Circle, Hammersmith & City, Metropolitan**선** – 유스턴
스퀘어Euston Square역
노던, 빅토리아Northern, Victoria**선** – 워런 스트리트Warren Street역
피커딜리Piccadilly**선** – 러셀 스퀘어Russel Square역
센트럴, 피커딜리Central, Piccadilly**선** – 홀번Holborn역

기차 이스트 미드랜즈 트레인즈, 유로스타, 템스링크, 사우스이스턴East Midlands Trains, Eurostar,
Thameslink, Southeastern**선** – 세인트 팽크러스St. Pancras International역
캘리도니언 슬리퍼, 퍼스트 홀 트레인스, 그랜드 센트럴, 그레이트 노던, 버진 트레인스 EC
Caledonian Sleeper, First Hull Trains, Grand Central, Great Northern, Virgin Trains EC**선** – 킹
스크로스King's Cross역

Best Course

대중적인 코스

9와 3/4 플랫폼
⊕
도보 7분
대영 도서관
⊕
도보 13분
그래너리 스퀘어
⊕
도보 1분
캐러밴(점심)
⊕
피커딜리선 26분
대영 박물관

⊕
도보 18분 또는 10번 버스 타고 19분
더 스쿨 오브 라이프
⊕
도보 18분
어텐던트
⊕
센트럴선 26분
엑스마우스 마켓
⊕
센트럴선 22분
버거 & 랍스터
⊕
빅토리아선 24분
에미레이츠 스타디움
(축구 경기 관람)

 런던 교통의 중심지
킹스크로스역 & 세인트 팽크러스역 KING'S CROSS & ST. PANCRAS STATION

주소 Euston Road, N1 9AL 위치 킹스크로스(King's Cross)역에서 바로 홈페이지 www.kingscross.co.uk 전화 020-3479-1795

킹스크로스를 보지 않고 런던 구경을 했다고 할 수 없다. 킹스크로스와 세인트 팽크러스역은 런던 튜브 네트워크London Underground network에서 가장 큰 환승역이다. 서클Circle, 해머스미스 앤드 시티 Hammersmith & City, 메트로폴리탄Metropolitan, 노던Northern, 피커딜리Piccadilly 그리고 빅토리아 Victoria선이 모두 킹스크로스역을 지나니, 튜브 지도를 보면 마구 겹쳐지는 형형색색의 노선이 공작새가 꼬리를 펼친듯 화려하다. 킹스크로스가 런던 시내 교통의 중추적인 역할을 한다면 좀 더 '큰 물'을 상대하는 것이 바로 세인트 팽크러스역인데, 파리발 유로스타를 포함해 유럽 전역에서 도착하는 기차 손님들을 받는다. 고개를 완전히 젖혀야 보이는 높은 천장의 역사는 위풍당당하다. 런던에서 가장 중요한 역 두 개가 함께 위치한 곳이라 역 안에서만도 찾아가 봐야 할 곳들이 있을 정도로 규모가 대단한 데도 몰려드는 손님들 덕분에 예매처를 계속해서 증축 중이다.

킹스크로스역 & 세인트 팽크러스역
INSIDE

 ## 9와 3/4 플랫폼 9 3/4 PLATFORM

해리 포터 시리즈에 계속해서 등장하는 중요한 배경 중 하나인 9와 3/4 기차역을 재현해 놓은 공간은 킹스크로스에서 가장 붐비는 포토 스폿이다. 가방을 잔뜩 실은 트롤리가 반쯤 벽에 박혀 있고, 손잡이를 잡고 기념 촬영을 할 수 있도록 해 놓았는데 역 직원들이 나와 촬영을 도와준다. 책과 영화 팬이라면 꼭 들러 봐야 할 곳이다. 영화 속 마법 지팡이를 판매하는 올리밴더스Ollivander's 가게를 콘셉트로 한 해리 포터 숍도 플랫폼 바로 옆에 위치해 호그와트 학교 유니폼을 비롯해 여러 기념품을 구입할 수 있다.

주소 Kings Cross Station, N1 9AP 위치 출발층 서쪽(Western Departures Concourse) 홈페이지 harrypottershop.co.uk

🍴 세인트 팽크러스 그랜드 샴페인 바 ST. PANCRAS GRAND CHAMPAGNE BAR

서빙 섹션은 그리 크지 않지만 테이블이 유로스타 터미널 끝에서 끝까지 뻗어 있어 '유럽에서 가장 긴 바'라고 불린다. 와인 바는 꽤 많아도 샴페인만을 전문으로 판매하는 바는 시내에서 찾기 힘든데, 엄격한 기준으로 골랐다는 20여 종의 샴페인은 가격대와 맛 모두 다양해 많은 사람을 만족시켜 준다. 콧대 높은 샴페인 전문가들도 £1,500의 떼뗑저 브뤼 리저브 NVTaittinger Brut Reserve NV 네브카드네자르라든지, 한 병에 £880나 하는 크뤼그 클로 뒤 메닐Krug Clos du Mesnil에는 고개를 끄덕일 것이다. 약 15종의 샴페인은 잔으로 주문해 마실 수 있어 런던을 뒤로하고 브뤼셀로 떠나는 사람이나 출장을 마치고 런던으로 돌아오는 사람 모두 기차에서 내려 목을 축이고 가기에 좋다. 안주 메뉴는 그리 다양하지 않지만 주로 영국식 음식으로 구성돼 있다.

주소 St Pancras International Station, N1C 4QL 위치 2층 탑승동(Upper Concourse) 시간 8:00~22:00(월~토), 9:00~17:00(일) 홈페이지 stpancrasbysearcys.co.uk 전화 020-7870-9900

🍴 베누고 BENUGO

서빙 섹션은 그리 크지 않지만 테이블이 유로스타 터미널 끝에서 끝까지 뻗어 있어 '유럽에서 가장 긴 바'라고 불린다. 와인 바는 꽤 많아도 샴페인만을 전문으로 판매하는 바는 시내에서 찾기 힘든데, 엄격한 기준으로 골랐다는 20여 종의 샴페인은 가격대와 맛 모두 다양해 많은 사람을 만족시켜 준다. 콧대 높은 샴페인 전문가들도 £1,500의 떼뗑저 브뤼 리저브 NVTaittinger Brut Reserve NV 네브카드네자

르라든지, 한 병에 £880나 하는 크뤼그 클로 뒤 메닐Krug Clos du Mesnil에는 고개를 끄덕일 것이다. 약 15종의 샴페인은 잔으로 주문해 마실 수 있어 런던을 뒤로하고 브뤼셀로 떠나는 사람이나 출장을 마치고 런던으로 돌아오는 사람 모두 기차에서 내려 목을 축이고 가기에 좋다. 안주 메뉴는 그리 다양하지 않지만 주로 영국식 음식으로 구성돼 있다.

주소 St Pancras International Station, N1C 4QL 위치 2층 탑승동(Upper Concourse) 시간 7:00~21:00(월~토), 9:00~21:00(일) 홈페이지 stpancrasbysearcys.co.uk

루브르, 바티칸과 함께 세계 3대 박물관, 세계 최초의 공공 박물관
대영 박물관(영국 박물관) BRITISH MUSEUMMUSEUM

주소 Great Russell Street, WC1B 3DG **위치** 토트넘 코트 로드(Tottenham Court Road)역에서 도보 6분 **시간** 10:00~17:30(월~일) *금요일은 20:30까지 **휴관** 1월 1일, 12월 24~26일 **요금** 무료 **홈페이지** www.britishmuseum.org **전화** 020-7323-8000

프랑스의 루브르, 바티칸 시국의 바티칸과 함께 세계 3대 박물관으로 꼽히는 대영 박물관에는 해마다 약 6백만 명이 방문한다. 1753년 설립된 대영 박물관은 세계 최초의 공공 박물관으로, 런던에서 가장 인기 있는 명소 중 하나다. 뿐만 아니라 전시하고 있는 컬렉션의 규모 역시 세계 최고다. 한스 슬로안Hans Sloane이라는 개인 수집가가 사후 국가에 자신의 방대한 수집품을 기증한 것에서 시작해 현재는 인류의 사·문화와 관련된 유물과 미술품까지 총 7백만 점이 넘는 전시물을 볼 수 있다. 카이로에 위치한 이집트 박물관을 제외하고는 세계 최대 규모의 이집트 유물을 보유하고 있으며 이와 함께 그리스·로마, 중동과 아시아 유물 역시 전시하고 있다. 오전 11시부터 30분 간격으로 하루 열다섯 번 진행하는 무료 투어에 합류해 박물관을 돌아보아도 좋고, 오디오 가이드(£5)를 대여해서 혼자 박물관을 돌아볼 수도 있다.

세계의 진귀한 고문서들을 소장한 곳
대영 도서관(영국 도서관) THE BRITISH LIBRARY

주소 96 Euston Road, NW1 2DB **위치** 킹스크로스(King's Cross)역에서 도보 7분 **시간** 9:30~20:00(월~목), 9:30~18:00(금), 9:30~17:00(토), 11:00~17:00(일요일, 공휴일) **홈페이지** www.bl.uk **전화** 0330-333-1144

본래 대영 박물관의 일부로 존재하다가 1970년대에 독립해 1997년 지금의 위치로 옮겨 온 대영 도서관은 비틀즈 악보나 편지 등 문서 자료, 4백만 장이 넘는 지도, 셰익스피어의 첫 번째 이절판Shakespeare's First Folio과 영국 헌법의 기초가 된 1215년의 마그나 카르타를 포함해 세계의 진귀한 고문서들을 보관하고 있다. 영국과 아일랜드에서 출간되는 모든 책이 이곳으로 직행하고, 현재 1억 5천만 권의 장서를 보유하고 있다. 해마다 3백만 권의 책이 추가된다고 한다. 책을 빌리지 않아도 다양한 주제로 여는 전시회나 위엄 있는 건물을 보는 것만으로도 가 볼 만한데, 2012년에는 올림픽 관련 문서와 자료를 모아 무료 전시를 열기도 했다.

밤에 더욱 활기를 띠는 즐거운 만남의 장소
그래너리 스퀘어 GRANARY SQUARE

주소 Granary Square, N1C 4AA **위치** 킹스크로스(King's Cross)역에서 도보 6분 **홈페이지** www.kingscross.co.uk/granary-square

런던에서 가장 활기찬 광장으로 새롭게 떠오르는 곳이다. 킹스크로스역 뒤 주거 공간으로만 쓰이던 광장에 점점 더 많은 행사와 볼거리, 맛집과 시장이 들어서고 있다. 천 개가 넘는 물줄기를 뿜는 화려한 분수가 밤에 특히 예쁘고, 광장 뒤편의 1852년에 세워진 런던 베이커들의 곡물 창고 빌딩은 현재 런던 예술 대학 건물로 사용되고 있다. 반원 형태로 계단이 있어 야외 공연도 자주 열리며 킹스크로스 일대의 맛있는 식당과 카페 도 그래너리 스퀘어 주변에 계속해서 문을 열고 있다.

커피도 밥도 다 잘해요
캐러밴 CARAVAN

주소 1 Granary Square, N1C 4AA **위치** 킹스크로스(King's Cross)역에서 도보 6분 **시간** 8:00~23:00(월~목), 8:00~24:00(금), 9:00~24:00(토), 9:00~22:00(일) **홈페이지** www.caravanrestaurants.co.uk **전화** 020-7101-7661

뉴질랜드 스타일의 카페 캐러밴에서는 잉글리시 브렉 퍼스트를 '프라이 업'이라 부른다. 〈이브닝 스탠다드 Evening Standard〉나 〈타임 아웃 Time Out〉과 같이 많은 매체에 소개되고 높은 평가를 받은 이곳에서는 아보 카도와 초리조 소시지(£8.50), 코코넛 빵과 딸기 & 레 몬 크림 치즈(£7.50) 등 다른 곳에서는 볼 수 없는 메뉴 들을 선보인다. 물론 이렇게 독특한 메뉴들 외에도 전통 적인 다섯 종류의 프라이 업 메뉴들 역시 아침마다 쉴 새 없이 판매된다. 레스토랑 깊숙이 자리한 바에서는 직접

커피를 볶아 신선도 높은 커피를 제공한다는 점이 캐러밴을 더욱 붐비게 한다. 테이크아웃으로 커피만 마시러 오는 사람들도 정말 많기 때문이다. 엑스마우 스 마켓Exmouth Market에도 있으니 시장 구경을 하며 캐러밴에 자리가 나기 를 기다리는 것은 그리 어려운 일이 아닐 것이다.

세계 어디에도 없을 화장실 카페
어텐던트 ATTENDANT

주소 27A Foley Street, W1W 6DY **위치** 구지 스트리트(Goodge Street)역에서 도보 7분 **시간** 8:00~16:00(월~금), 9:00~16:00(토~일) **홈페이지** the-attendant.com

혁신적인 브런치 카페를 목표로 하는 두 사업가의 비전으로 탄생한 어텐던트는 50년 넘게 버려져 있던 빅토리아 시대풍 남자 화장실 건물을 개조해 사용했다. 1890년 유명 도자기업체가 제작한 변기를 그대로 인테리어에 차용해 어텐던트만의 독특하고 유쾌한 분위기를 느낄 수 있다. 커피콩은 캐러밴 로스터리에서 가져오는데, 지속 가능한 커피 산업을 지원하는 의미로 공정 무역 커피를 사용한다. 우유도 유기농을 사용한다. 아침부터 저녁까지 맛있고 양도 푸짐한 샌드위치, 베이글, 샐러드 등의 푸드 메뉴도 판매한다. 쇼디치와 클러큰웰에도 지점이 있다.

트렌디한 브런치 카페
라이딩 하우스 카페 RIDING HOUSE CAFÉ

주소 43-51 Great Titchfield Street, W1W 7PQ **위치** 옥스퍼드 서커스(Oxford Circus)역에서 도보 7분 **시간** 8:30~21:30(월), 8:30~22:30(화~금), 9:00~22:30(토), 9:00~17:00(일) **가격** £7.8(에그 스크램블), £14.8(풀 잉글리시 브렉퍼스트) **홈페이지** ridinghouse.cafe **전화** 020-7927-0840

2011년 4월 개업하는 순간부터 인기가 대단했다. 수많은 사람이 아침부터 북적였다. 갈 길 바쁜 런던 직장인들도 출근 시간을 앞당겨 라이딩 하우스 카페의 아침 메뉴를 맛보고 갈 정도였다. £10.50라는 가격에 계란프라이 두 개, 소시지, 베이컨, 구운 버섯과 토마토, 토스트로 구성된 잉글리시 브렉퍼스트를 선택하거나 £3, £4, £5로 분류되는 접시 크기를 선택할 수 있으니 한 접시 그득하게 담겨 나오는 잉글리시 브렉퍼스트가 부담된다면 사이드 메뉴들을 작은 접시로 선

택해 먹을 수도 있다. 다양한 계란 요리와 우유병에 담겨 나오는 여덟 종류의 스무디와 주스, 뮤즐리, 그릭 요거트, 과일 등 건강한 아침 식사 메뉴가 가득하다.

146

 육류와 해산물 어떤 것도 포기할 수 없다면 이곳
버거 & 랍스터 BURGER & LOBSTER

주소 6 Little Portland Street, W1W 7JE **위치** 구지 스트리트(Goodge Street)역에서 도보 9분 **시간** 12:00~22:00(일~목), 12:00~23:00(금~토) **가격** £28.5(랍스터롤), £16(클래식 버거) **홈페이지** www. burgerandlobster.com **전화** 020-7907-7760

런던에 총 9개의 지점이 있는 인기 체인 식당이다. 특별한 날에만 먹어야 할 것 같은 랍스터 메뉴를 친근하고 쉽게 접할 수 있다. 버거는 미국 네브래스카에서 공수해 오는 앵거스 소고기를 이용해 여러 번 시행 착오를 거쳐 정착한 그릴 기술로 구워 만들고, 노바스코샤 지역에서 잡아 바로 배달해 사용하는 랍스터는 '랍스터 스파'라 부르는 랍스터 보관 용기 중 최신 기술을 장착한 수족관에 보관해 최고의 신선도를 보장한다. 랍스터는 익히거나 굽거나 마요네즈를 더해 브리오슈로 먹을 수 있어 취향에 따라 선택한다. 디저트 메뉴와 칵테일, 탭 맥주도 맛있다.

 맛있는 음식이 가득한 주말 시장
엑스마우스 마켓 EXMOUTH MARKET

주소 Exmouth Market, EC1R 4QL 위치 에인절(Angel)역에서 도보 12분 시간 11:00~18:00(금),
9:00~16:00(토) 홈페이지 exmouth.london

32개의 작은 상점으로 이루어진 주말 시장이다. 장이 서는 날에는 이 지역에서 영업하는 레스토랑들이 거리로 나와 가판을 설치하고 원래 가격보다 훨씬 싼 값에 대표 메뉴들을 즉석에서 요리해 판매한다. 런던의 수많은 마켓 중 가장 인심 좋은 상인들이 있는 이 곳에서는 말만 잘하면 사이즈에 구애받지 않고 꾹꾹 눌러 담아 준다. 엑스마우스 마켓 덕분에 마켓이 서는 금요일과 토요일에는 이 거리에 위치한 옷가게와 디자인 부티크들도 훨씬 많은 손님을 맞이한다. 양옆으로 윌밍턴 스퀘어Wilmington Square와 스파 필즈 공원Spa Fields Park을 두고 있어 마켓에서 산 먹거리를 들고 피크닉을 가기도 용이하다.

의학과 건강의 역사와 진화를 살펴보자
웰컴 컬렉션 WELLCOME COLLECTION

주소 183 Euston Road, NW1 2BE **위치** 유스턴 스퀘어(Euston Square)역에서 도보 3분 **시간** 10:00~18:00(월~수, 금~토; 월요일은 카페와 서점만 오픈), 10:00~22:00(목), 11:00~18:00(일) **휴관** 12월 24일~1월 1일 **홈페이지** wellcomecollection.org **전화** 020-7611-2222

약사이자 사업가, 자선가며 수집가였던 헨리 웰컴 경 Sir Henry Wellcome의 재단이 설립한 이곳은 인간과 동물 건강에 대한 연구를 지원하고 관련된 전시와 행사를 여는 독특한 전시관이다. 대부분의 전시가 무료며 의학과 건강의 역사와 진화를 살펴볼 수 있다. '치유할 수 없을 정도로 호기심이 많은' 사람들을 위한 곳이라 자처하는 웰컴 컬렉션에는 나폴레옹의 칫솔이나 조지 3세의 머리칼 등 그 독특한 테마만큼이나 신기한 소장품들이 많아 해마다 3만 명이 이곳을 찾는다고 한다.

남태평양 바다를 건너온 맛있는 스낵과 커피
카페인 KAFFEINE

주소 66 Great Titchfield Street, W1W 7QJ **위치** ❶ 구지 스트리트(Goodge Street)역에서 도보 7분 ❷ 옥스퍼드 서커스(Oxford Circus)역에서 도보 7분 **시간** 7:30~17:00(월~금), 8:30~17:00(토), 9:00~17:00(일) **홈페이지** www.kaffeine.co.uk

뉴질랜드 출신의 이 카페에서는 바나나 브레드나 안작 비스킷과 같이 남태평양에서 공수한 스낵들을 판매한다. 1주일마다 바뀌는 메뉴에는 서양배와 에일 빵, 자두 머핀과 같은 영국 시골 베이커리류도 자주 등장하고, 지중해식 샐러드 역시 준비돼 있다. 커피 강좌가 열리기도 하고, 커피 고유의 맛을 보존하기 위해 라테와 카푸치노, 롱 블랙 등의 메뉴가 각각 정해진 크기의 컵에만 서빙된다는 점이 독특하다.

 동심을 자극하는 아련한 추억
폴록스 장난감 박물관 POLLOCKS TOY MUSEUM

주소 1 Scala Street, W1T 2HL 위치 구지 스트리트(Goodge Street)역에서 도보 2분 시간 10:00~17:00(월
~토) 요금 £9(성인), £8(학생, 65세 이상), £4.5(아동) *런던 패스 소지자 무료 홈페이지 www.pollock
stoymuseum.co.uk 전화 020-7636-3452

1956년 작은 다락방에서 시작된 사랑스러운 박물관
으로, 벤저민 폴록Benjamin Pollock 이라는 사람이
직접 만들던 장난감 극장 상점을 겸하는 곳이었다. 19
세기 초반 인기의 절정을 달렸던 나무로 종이로 만드
는 영국 장난감 극장의 역사와 전통을 보존하기 위한
목적으로 만들어졌다. 현재는 다양한 손 인형과 무대
장치, 장식을 함께 판매한다. 디테일이 살아 있는 인형
의 집과 선로를 벗어나 달려
갈 것만 같은 장난감 열차 등
화려한 불을 내뿜는 21세기
의 장난감과는 사뭇 다른 노
스탤지어 가득한 장난감들이
전시돼 있다.

150

에미레이츠 스타디움 EMIRATES STADIUM

런더너들의 축구 사랑을 직접 느껴 보자

주소 Hornsey Road, N7 7AJ **위치** 아스널(Arsenal)역에서 도보 2분 **투어** 요금 £27(성인), £22(학생), £18(16세 이하), 5세 이하 무료 **홈페이지** www.arsenal.com/the-club/emirates-stadium **전화** 020-7619-5003

런던을 대표하는 명문 축구 클럽 중 하나인 아스널 축구팀Arsenal Football Club의 홈 스타디움이다. 6만 명 이상 수용 가능하며 영국에서 웸블리와 올드 트래퍼드 다음으로 규모가 큰 축구 경기장이다. 2004년 개관했으며 역대 최다 관중 수는 2007년 11월 열린 맨체스터 유나이티드와의 경기로 총 60,161명의 관중이 집결, 결과는 2-2 무승부였다. 맨유뿐 아니라 런던을 연고지로 하는 또 다른 유명 EPL 클럽 첼시와의 경기도 표를 구하는 것이 힘들다. 보통 시즌 평균 점유 좌석 수가 6만 명을 웃도니 이곳에서 아스널 경기를 보고 싶다면 여행 전에 미리 예매할 것을 권한다. 경기가 없는 날에는 클럽의 역사를 볼 수 있도록 전시를 꾸며 놓아 스타디움을 방문해 기념품을 사고 내, 외부를 돌아볼 수 있다. 경기 날에는 전시관 입장 시간이 경기 전까지로 변경된다.

Tip. 런던에서 축구 경기 관람하기

대형 스타디움에서 서포터즈와 상대편 응원단의 엄청난 함성과 열기에 휩쓸려 어마어마한 몸값의 슈퍼스타들이 그라운드를 누비는 것을 두 눈으로 직접 보는 경험은 무척 특별하다. 영국은 특히 축구 팬들의 열정이 대단하기로 소문이 난 나라로, 런던에서 볼만한 축구 경기도 상당하다. 런던을 연고지로 하는EPLEnglish Premier League 팀들 중 잘 알려진 팀들로는 아스널Arsenal FC, 첼시Chelsea FC, 토트넘 핫스퍼Tottenham Hotspur FC, 퀸즈 파크 레인저스Queen's Park Rangers FC, 크리스털 팰리스Crystal Palace FC가 있다. 클럽 유료 회원으로 가입을 해야 공식 홈페이지를 통해 정규 경기표를 예매할 수 있는 자격이 주어지는 경우가 대부분이라 한국에서 비멤버들이 예매할 때는 새로 회원 가입을 하거나 런던에 거주하는 한인 민박을 통해 티켓 구매 대행 서비스를 하는 방법 등으로 직관 표를 구하면 된다. 보안과 안전의 이유로 소지품 검사를 요하는 입장 절차가 시간이 꽤 걸리니 선수들이 몸을 풀고 한 명씩 호명하며 입장하는 모습을 보기 원한다면 넉넉하게 한 시간 전에 입장해 착석할 것을 추천한다.

런던의 작고 흥미로운 박물관들

 런던의 교통 변천사를 한눈에 보다
런던 교통 박물관 LONDON TRANSPORT MUSEUM

코번트 가든 광장 동쪽에 자리한 런던 교통 박물관은 빨간 이층 버스, 검은 택시 등 런던의 아이콘과도 같은 교통수단들의 변천사를 소개한다. 버스와 택시 외에도 트램, 트롤리와 같은 이제는 보기 힘든 교통수단에 관한 자료 역시 전시돼 있으며, 미니어처 모델로 만들어 놓은 런던의 교통 체계를 보면 이 넓은 도시를 이쪽저쪽 가로지르는 많은 교통수단이 어떻게 원활히 운영되는지 좀 더 잘 이해할 수 있게 된다.

주소 Covent Garden Piazza, WC2E 7BB **위치** 코번트 가든(Covent Garden)역에서 도보 3분 **시간** 매일 10:00~18:00 **요금** £21(성인), £20(학생) **홈페이지** www.ltmuseum.co.uk **전화** 343-222-5000

 런던 운하의 발생과 역사를 볼 수 있는 곳
런던 운하 박물관 LONDON CANAL MUSEUM

런던 운하의 발생과 역사를 볼 수 있는 곳으로, 기술의 발전과 함께 운하가 개발되고 진화하는 과정을 다양한 자료를 통해 보여 주고 있다. 박물관으로 사용하는 건물은 노르웨이에서 수입한 얼음을 저장하던 창고였기 때문에 영국의 얼음 무역과 관련된 전시도 있는데, 운하 전시보다 더 재미가 있어 방문자들이 이쪽에 더 많이 몰린다.

주소 12-13 New Wharf Road, N1 9RT **위치** 킹스크로스 (King's Cross)역에서 도보 11분 **시간** 10:00~16:30(수~일) **휴관** 12월 24~26일, 31일, 1월 1일 **요금** £6(성인), £5(학생), £3(어린이) **홈페이지** www.canal-museum.org.uk **전화** 020-7713-0836

패셔너블한 버몬지 구역에 있는 박물관
패션과 섬유 박물관 FASHION AND TEXILE MUSEUM

멕시코 출신의 건축가 리카르도 레고레타Ricardo Legorreta가 설계한 남미의 느낌이 물씬 나는 색깔의 빌딩에 위치한 패션과 섬유 박물관은 패션, 보석 그리고 섬유 디자인과 관련한 전시품들을 구경할 수 있는 박물관이다. 대표적인 영국 디자이너 중 하나인 잔드라 로즈Zandra Rhodes가 설립한 이 박물관은 패션, 섬유 등과 관련한 수업도 진행하며 영국 패션 산업에 기여하고 있다.

주소 83 Bermondsey Street, SE1 3XF **위치** 런던 브리지(London Bridge)역에서 도보 10분 **시간** 매일 11:00~18:00 **휴무** 월요일 **요금** £12.65(성인), £11.55(학생증 소지자, 60세 이상), 12세 이하 무료 **홈페이지** fashiontextilmuseum.org **전화** 020-7407-8664

작은 우표 속에 담긴 영국 역사
우표 박물관 THE POSTAL MUSEUM

영국의 화려한 우표 역사를 볼 수 있다. 최초의 우표에 대한 자료, 우편 배달 차량과 우체통의 변천사까지 우편과 관련한 방대한 자료를 한눈에 살펴볼 수 있다. 60주년을 맞은 엘리자베스 여왕 우표와 같이 국가적인 경사나 행사를 맞이해 특별전을 열기도 한다. 재미있으면서도 교육적이라 런던의 초등학교들 중 이곳에 견학 오지 않은 학생이 없을 정도도. 기념품 숍에서는 200종이 넘는 우편함과 우편 배달 자동차 미니어처 등을 판매한다.

주소 15-20 Phoenix Place, WC1X 0DA **위치** 러셀 스퀘어(Russel Square)역에서 도보 12분 **시간** 10:00~17:00(수~일) **요금** £17(25세 이상), £12(16~24세), £10(3~15세) *온라인 예매 시 할인 **홈페이지** www.postalmuseum.org **전화** 300-0300-700

쇼디치 &
이스트 런던

Shoreditch & East London

런던 트렌드와 힙함의 표본
현재 런던에서 가장 유행을 선도하는 것, 패셔니스타와 미식가들이 열광하는 지역을 꼽으라면 두말할 것 없이 쇼디치, 이스트 런던이다. 젊은 층과 패션계가 주목하는 새롭고 신선한 상점과 포토제닉한 카페와 식당들이 빠르게 들어서고 있으며, 이 지역의 성장은 지칠 줄을 몰라 점점 북쪽으로 영역을 넓히며 확장하고 있다.

올드 스트리트역
Old Street

쇼디치 그라인드
Shoreditch Grind

나이트자
Nightjar

올드 스트리트역
Old Street

오존 커피 로스터즈
Ozone Coffee Roasters

해피니스 포겟츠
Happiness Forgets

굿후드
Goodhood

아이다
Aida

제프리 박물관
Geffrye Museum

올프레스 에스프레소
Allpress Espresso

피자 이스트
Pizza East

박스파크
Boxpark

쇼디치 하이 스트리트역
Shoreditch High Street

레이버 앤드 웨이트
Labour and Wait

스모크스탁
Smokestak

베이글 베이크
Beigel Bake

브릭 레인 마켓
Brick Lane Market

베스날 그린역
Bethnal Green

파브리크
Fabrique

호스턴역
Hoxton

세이저 + 와일드
Sager + Wilde

콜럼비아 로드 플라워 마켓
Columbia Road Flower Market

베스날 그린역
Bethnal Green

V&A 어린이 박물관
V&A Museum of Childhood

케임브리지 히스역
Cambridge Heath

리들리 로드 쇼핑 빌리지
Ridley Road Shopping Village
LN-CC

클림슨 앤드 선즈 카페
Climpson and Sons Café

브로드웨이 마켓
Broadway Market

E5 베이크하우스
E5 Bakehouse

빅토리아 공원역
Victoria Park

퀸 엘리자베스 올림픽 공원
Queen Elizabeth Olympic Park

튜브 **노던**Northern**선** – 올드 스트리트Old Street역
센트럴Central**선** – 베스널 그린Bethnal Green역

기차 **오버그라운드**Overground**선** – 쇼디치 하이 스트리트Shoreditch High Street역, 혹스톤Hoxton역, 케임브리지 히스Cambridge Heath역, 베스널 그린Bethnal Green역, 돌스턴 킹스랜드Dalston Kingsland역, 돌스턴 정션Dalston Junction역, 해크니 센트럴Hackney Central역, 해거스톤 Haggerston역
그레이트 노던 Great Northern**선** – 올드 스트리트Old Street역
그레이터 앵글리아, 오버그라운드 Great Anglia, Overground**선** – 해크니 다운스Hackney Downs역

Best Course

트렌드에 민감한 쇼핑족을 위한 코스

컬럼비아 로드 플라워 마켓
○
도보 15분
브릭 레인 마켓

○
도보 7분
박스파크
○
도보 4분
피자이스트(점심) **&
레이버 앤드 웨이트**
○

도보 6분
아이다
○
도보 3분
굿후드
○
버스 243번 타고 15분
LN-CC & 리들리 로드 쇼핑 빌리지

○
버스 243번 타고 15분
스모크스택(저녁)

캐주얼하고 이국적인 벼룩시장
브릭 레인 마켓 BRICK LANE MARKET

주소 Brick Lane, E1 6PU **위치** 엘드게이드 이스트(Aldgate East)역에서 도보 11분 **시간** 10:00~17:00(마켓 일요일) *주변 여러 상점은 주중 각기 다른 영업 시간으로 운영

올드 스피탈필즈 마켓에서 걸어서도 갈 수 있는 브릭 레인 마켓은 스피탈필즈와 비슷하면서도 다르다. 좀더 외진 곳이라 그런지 젊은 분위기와 벼룩시장 느낌이 더 많이 묻어 난다. 가구 등 인테리어 소품, 오래된 잡지, 음반, 길거리 음식 등 안 파는 것이 없어 목적 없이 들렀다가 두 손 가득 쇼핑해 가는 사람들도 많다. 런던의 방글라데시 타운이 위치한 곳이기도 해, 런던에서 가장 맛있는 커리 하우스들이 모두 몰려 있다. 거리에 아무렇게나 그려진 그라피티나 반쯤 뜯긴 포스터를 구경하는 재미도 쏠쏠하다.

최신 트렌드를 파악하려면 이곳으로 가자
박스파크 BOXPARK

주소 2-10 Bethnal Green Road, E1 6GY **위치** 오버그라운드(Overground)선 쇼디치 하이 스트리트(Shoreditch High Street)역에서 도보 2분 **시간** 11:00~23:00(월~수), 11:00~23:45(목~토), 11:00~22:30(일) **홈페이지** www.boxpark.co.uk

2011년 세계 최초의 팝업 쇼핑몰로 개점했다. 현대적인 스트리트 푸드 마켓과 로컬 & 글로벌 브랜드를 모두 취급한다는 개념을 처음으로 차용해 화제가 됐고, 엄청난 성공으로 인해 팝업은 영구 쇼핑몰이 되어 지금까지 당시의 컨테이너 박스들을 이용하고 있다. 주목받는 신진 디자이너와 자본이 없어 빠르게 성장하지 못하는 훌륭한 브랜드와 카페, 맛집들을 발굴해 키워 주는 곳으로 런던 최신 트렌드를 알고 싶으면 박스파크를 찾으면 된다. 몇 달 후 큰 상점을 차려 나오는 옷 가게와 여러 매체에 소개되는 카페를 가장 먼저 만날 수 있다. 2016년 런던 근교 크로이던Croydon에 두 번째 지점(99 George Street, CR0 1LD)을 열어 성공적으로 운영 중이다. 크로이던 지점은 특히 식도락에 초점을 맞추고 런던에서 열리는 다양한 문화 행사 공간으로 사용되고 있다.

평화롭고 맑게 흐르는 곳
리전트 운하 REGENT'S CANAL

위치 에인절(Angel)역, 킹스크로스(King's Cross)역 외 다수 역

런던 북쪽의 평화로운 운하로, 그랜드 유니언 운하의 패딩턴 쪽 끝부터 런던 동쪽의 템스강까지를 잇는 역할을 한다. 리틀 베니스와 캠든을 지나며 뻗어 있어 시간만 넉넉하다면 튜브를 한 번도 안 타고 이 구역의 명소를 리전트 운하를 따라 걸으며 모두 살펴볼 수 있다. 1948년 국영화된 이곳은 자전거를 탄 사람들과 보행자들의 수가 비슷할 정도로 자전거에 올라타 페달을 밟기에도 공기가 좋고 길이 넓다. 리전트 파크의 아우터 서클과 프린스 앨버트 로드Prince Albert Road 사이로 길게 지나니 운하를 구경하며 공원을 크게 돌아보는 것도 추천한다.

도시의 메마른 감성을 채워 주는 향기로운 꽃 시장
컬럼비아 로드 플라워 마켓 COLUMBIA ROAD FLOWER MARKET

주소 Columbia Road, E2 7RG **위치** 오버그라운드(Overground)선 혹스톤(Hoxton)역에서 도보 9분 **시간** 8:00~15:00(일요일) **홈페이지** www.columbiaroad.info

한 주 동안 메말랐던 감성을 채우려는 것인지, 컬럼비아 로드에서 열리는 일요일 꽃 시장은 문을 여는 8시부터 사람들이 길을 가득 메워 무척 바쁘다. 처음 보는 꽃들과 작은 화분에 심어진 나무들의 푯말을 읽는 사람들과 작정하고 나온 듯 이미 양손 가득 꽃을 든 사람들도 보인다. 꽃뿐만 아니라 정원을 가꾸거나 꾸미는 것과 관련한 여러 제품이 판매되고, 간간히 커피나 수프, 샌드위치를 파는 상인들도 거리로 나와 있다. 형형색색의 튤립을 잠시 스쳐 지나치는 것만으로도 기분 전환이 된다.

득템 가능성 100%, 맛있는 커피까지
아이다 AIDA

주소 133 Shoreditch High Street, E1 6JE 위치 올드 스트리트(Old Street)역에서 도보 10분 시간 11:00~18: 00(월~토), 111:00~17:00(일) 홈페이지 www.aidashoreditch.co.uk 전화 020-7739-2811

북유럽 스타일의 가구로 꾸며 놓은 고급스러운 부티크지만 가격대는 부담 없어 신나게 쇼핑을 즐길 수 있다. 모든 손님이 서로 공감하고 영감을 주고 새로운 무언가를 발견할 수 있도록 돕는 것이 목표라는 따뜻하고 사랑스러운 콘셉트 스토어다. 네 자매가 협업해 활기차고 즐거운 아이다만의 느낌을 만들어 냈다. 남성, 여성 의류와 잡화, 홈 아이템을 판매하며, 예술 전시와 음악, 디자인 공간과 맛있는 커피를 파는 카페도 마련돼 있다. 카페에서는 엑스마우스 마켓의 로컬 로스터리 블렌드를 사용하는데, 장미 라테가 특히 맛있다.

쇼디치 1등 바비큐집
스모크스택 SMOKESTAK

주소 35 Sclater Street, E1 6LB 위치 오버그라운드(Overground)선 쇼디치 하이 스트리트(Shoreditch High Street)역에서 도보 2분 시간 12:00~15:00, 17:30~23:00(월~금), 12:00~23:00(토), 12:00~22:00(일) 홈페이지 smokestak.co.uk 전화 020-3873-1733

어둡고 매혹적인 분위기의 제대로 된 스테이크 가게다. 클라리지스 호텔에서 고든 램지에게 사사받은 데이비드 카터David Carter의 야심작이다. 미국 텍사스로 떠나 바비큐만 공부하고 돌아와 2016년 개점했다. 오픈 시간에 맞춰 사람들이 기다렸다 들어오는 런던에서 가장 맛있는 바비큐집으로 소문이 났다. 내부가 꽤 넓지만 순식간에 만석이 된다. 매콤한 페퍼와 다양한 자체 개발 소스를 곁들인 잘 구운 고기는 맥주를 절로 부른다. 촉촉한 육질과 바삭하고 고소하게 잘 구워진 껍질의 궁합은 백점이다.

런던 베스트 피자

피자이스트 PIZZAEAST

주소 56 Shoreditch High Street, E1 6JJ **위치** 오버그라운드(Overground)선 쇼디치 하이 스트리트(Shoreditch High Street)역에서 도보 2분 **시간** 12:00~23:00(월~수), 12:00~24:00(목~금), 11:00~24:00(토), 11:00~22:00(일) *주문은 영업 종료 1시간 전까지 **홈페이지** www.pizzaeast.com **전화** 020-7729-1888

군더더기 없는 인테리어에 바짝 구운 얇은 피자만으로 런던에서 가장 인기 있는 피자집으로 등극한 피자이스트에는, £10 내외 가격의 훌륭한 피자 메뉴와 함께 라자냐, 립아이 스테이크, 마카로니 앤드 치즈, 여러 종류의 샐러드도 있다. 피자이스트만의 독특한 맛은 공개하지 않는 토마토소스 때문인지 탁 트인 실내에서 즐길 수 있는 분위기 때문인지 모르겠지만 아무래도 좋다. 밤이 되면 조명이 바뀌며 클럽과 같이 흥겨운 곳으로 변모하기도 한다. 주말에는 갓 짠 생과일주스와 함께 먹을 수 있는 브런치 역시 마련돼 있어 아침부터 피자이스트의 피자를 먹으러 쇼디치로 향하는 사람들도 많다. 20명 가까이 수용할 수 있는 큰 테이블도 있고 13인 이상 단체를 위한 그룹 메뉴도 준비돼 있어 생일 파티나 회식하는 모습도 종종 볼 수 있다.

뉴질랜드에서 온 최고급 커피

올프레스 에스프레소 ALLPRESS ESPRESSO

주소 58 Redchurch Street, E2 7DP **위치** 오버그라운드(Overground)선 쇼디치 하이 스트리트(Shoreditch High Street)역에서 도보 2분 **시간** 8:00~16:00(월~금), 9:00~16:00(토~일) **홈페이지** allpressespresso.com **전화** 020-7749-1780

세계 각국의 훌륭한 로스터리들과 직거래를 하며 매일 새로 로스팅을 하는 신선한 커피만을 사용한다. 커피 농장들과의 유대가 깊어 취급하는 모든 블렌드에 대한 지식이 해박하다. 뉴질랜드에서 가장 유명하고 가장 퀄리티가 좋은 스페셜티 커피 브랜드의 영국 플래그십 로스터리. 런던에서 해마다 열리는 런던 커피 페스티벌London Coffee Festival에서 항상 큰 자리를 차지하며 런더너들의 커피 미각을 한층 높은 수준으로 끌어올리는 역할을 한다. 에스

프레소의 추출 시간을 엄격히 지켜, 아무리 바빠도 실수가 생기면 반드시 다시 만드는 철칙을 고수한다. 간단한 스낵도 마련돼 있고 사용하는 블렌드도 역시 매장에서 구입할 수 있다.

24시간 문이 열려 있는 베이글 천국
베이글 베이크 BEIGEL BAKE

주소 159 Brick Lane, E1 6SB **위치** 오버그라운드
(Overground)선 쇼디치 하이 스트리트(Shoreditch High
Street)역에서 도보 5분 **시간** 24시간 **홈페이지** www.
beigelbake.co.uk

유대인 스타일의 베이글을 하루 종일 쉬지 않고 판매한
다. 규모가 꽤 있는 빵집인데도 바깥까지 줄을 서 있는 것
을 언제나 볼 수 있다. 가장 인기 있는 메뉴는 솔트 비프,
훈제 연어와 크림치즈 두 종류다. 1977년부터 베이글을
비롯해 쇼디치에서 가장 인기 있는 빵을 정말 착한 가격
에 판매하는 것으로 소문이 난 맛집이다. 매일 7천 개가

넘는 베이글을 구워 팔고 있으며 계산을 담당하는 직원
만 여럿이다. 줄이 빨리 움직이기 때문에 기다리면서 보
이는 메뉴판을 보고 원하는 메뉴를 정해 바로 주문하고
계산면 된다. 베이글 맛이 다르면 얼마나 다를까 하는 생각은 한 입 물면 바로 사라진다. 소시지 페이스트리
롤과 뉴욕 스타일 치즈 케이크 등 베이글 외에도 시도해 볼 만한 베스트셀링 아이템들이 있다.

없던 지름신도 불러내는 곳
레이버 앤드 웨이트 LABOUR AND WAIT

주소 85 Redchurch Street, E2 7DJ **위치** 오버그라운드(Overground)선 쇼디치 하이 스트리트(Shoreditch
High Street)역에서 도보 3분 **시간** 매일11:00~18:00 **휴무** 월요일 **홈페이지** www.labourandwait.co.uk **전
화** 020-7729-6253

새로운 브랜드와 빈티지 아이템을 모두 판매하
는 인테리어, 필기류, 의류 상점이다. 가장 많은
비중을 차지하는 것이 인테리어 소품이라 특별
한 관심 없이 한 바퀴 구경하러 들어가는 사람
들이 많은데, 무언가 하나라도 사가지고 나오
게 될 정도로 가지고 싶은 물건들이 가득하다.
디자인만큼이나 실용성을 중시하는 주인들이
매의 눈으로 골라 가져다 놓은 물건들로는 에
코 백부터 꽃삽, 법랑 컵과 다목적 솔과 빗자루,
펠트 슬리퍼, 낚시 장비, 린넨 티 타올, 캔버스

앞치마, 가죽 가방, 귀여운 손수건 등이 있다. 두 주인이 15년 전 뜻을 함께하게 된 이유인 모든 종류의 '실'
도 아주 다양하게 구비돼 있다. 200년도 더 된 오스트리아 제조사 라이스Reiss의 에나멜 밀크 팬을 사기 위
해 대기자 명단이 끝도 없이 이어지는 등 오래 쓸 튼튼하고 질리지 않는 모양의 물건들에 대한 런던의 수요는
엄청나다.

1950년대 다이너 스타일의 카페
쇼디치 그라인드 SHOREDITCH GRIND

주소 213 Old Street, EC1V 9NR **위치** 올드 스트리트(Old Street)역에서 도보 1분 **시간** 7:30~17:00 (월), 7:30~20:00 (화), 7:30~22:00 (수~금), 9:00~22:00 (토), 9:00~17:00 (일) **홈페이지** grind.co.uk **전화** 020-7490-7490

레트로 느낌이 물씬 나는 50년대 파사드가 특징인 카페 체인이다. 런던에서 가장 믿을 만한 커피 브랜드로 자리 잡고 있으며 매장도 빠르게 여기저기 생겨나고 있다. 그중 가장 인기가 좋은 곳은 쇼디치 지점이다. 밤이 되면 칵테일을 판매하고 더욱 독특하게 레코딩 스튜디오도 겸하고 있기 때문이다. 인기 메뉴는 에스프레소와 우유 거품을 같은 비율로 넣는 피콜로piccolo. 타르트와 머핀 등 커피와 함께 주문할 스낵류도 맛이 좋다.

운하를 따라 걸으면 나타나는 맛있는 시장
브로드웨이 마켓 BROADWAY MARKET

주소 Broadway Market, E8 4PH **위치** 오버그라운드 (Overground)선 런던 필즈(London Fields)역에서 도보 8분 **시간** 9:00~17:00(토: 시장), 마켓 대로 상점과 카페, 식당은 일주일 내내 영업 **홈페이지** broadwaymarket.co.uk

리전트 운하를 따라 걷다 보면 나타나는, 런던에서 가장 빠르게 개발하고 있는 동네 중 하나인 해크니Hackney에 자리한 주말 시장이다. 1890년대부터 장이 열렸다고 한다. 베트남 커피, 지중해 스타일 메즈 등 여러 나라의 음식을 판매하고 있어 다른 시장들보다 맛볼 수 있는 것이 다양하다. 독특한 의류와 수공예품 등을 판매하고 시장 양옆으로 작지만 맛있기로 소문난 카페와 식당들이 즐비하다. 장이 서지 않

는 평일에도 마켓 대로의 식도락을 즐기러 오는 사람들이 정말 많다. 길 건너 위치한 네틸 마켓Netil Market 도 가 보자(주소: 13-23 Westgate Street, E8 3RL/시간: 9:00~22:00[화~일]/ 홈페이지: www.instagram. com/netilmarket /전화: 020-3095-9743). 빈티지 의류와 주얼리, 앤티크 상품 등 브로드웨이와 또 다른 분위기의 훌륭한 스트리트 상점이다.

Tip. 클림슨 앤드 선스 카페 CLIMPSON AND SONS CAFÉ

런던 유명 식당과 카페에서 클림슨 앤드 선스 카페 블렌드를 쓴다고 홍보할 정도로 커피 맛이 좋은 브로드웨이 마켓의 명물이다. 규모가 정말 작아서 마켓이 서는 날 카페 안에 들어가서 자리를 잡는 것은 거의 불가능할 정도지만 이 카페의 커피를 한 잔 들고 마켓을 천천히 구경하는 것이야말로 주말 오후를 보내는 완벽한 방법이다. 친절한 커피 박사들인 직원들의 서비스도 커피 맛에 일조한다.

주소 67 Broadway Market, E8 4PH **위치** 오버그라운드(Overground)선 런던 필즈(London Fields)역에서 도보 7분 **시간** 7:00~17:00(월~금), 8:30~17:00(토), 9:00~17:00(일) **홈페이지** climpsonandsons. com **전화** 020-7254-7199

유기농 사워 도우 빵 전문점
E5 베이크하우스 E5 BAKEHOUSE

주소 395 Mentmore Terrace, E8 3PH **위치** 오버그라운드(Overground)선 런던 필즈(London Fields)역에서 도보 1분 **시간** 7:30~19:00(월~금), 8:00~19:00(토~일) **홈페이지** e5bakehouse.com **전화** 020-8525-2890

소화가 쉽도록 최대 72시간 길게 발효시켜 깊은 맛을 내는 천연 이스트를 넣어 굽는 사워 도우를 전문으로 만드는 베이커리다. 사워 도우 외에 바게트 등 다른 빵도 판매하지만 새콤하면서 고소한 사워 도우를 먹기 위해 아침 일찍부터 찾아오는 단골들이 많다. 사워 도우 한 조각과 함께 구성된 아침 세트 메뉴도 인기가 많다. 과일, 채소, 고기와 유가공품 모두 유기농, 제철의 것을 사용하며 모든 포장도 재생 가능한 재료만 사용하고 인근 지역으로의 배달도 자전거를 타고 나가는 등 친환경적이고 깨끗한 카페는, 지역 주민들의 애정을 듬뿍 받고 있다. E5 제빵사들은 일주일에 한 번씩 베이킹 수업을 진행하기도 한다.

편안한 재즈를 즐기고 싶은 밤이라면 가 보자
해피니스 포겟츠 HAPPINESS FORGETS

주소 8-9 Hoxton Square, N1 6NU **위치** 올드 스트리트(Old Street)역에서 도보 7분 **시간** 매일 17:00~23:00 **홈페이지** www.happinessforgets.com

혹스턴 광장의 타이 레스토랑 지하에 있다. 바 이름을 한 글자씩 써 놓은 계단을 따라 내려가면, 우선 어두운 조명이 지상과는 확연히 다른 분위기를 보여 준다. 여름 밤 편안한 재즈를 들으며 칵테일을 마시러 오기에 좋다. 안주는 계단을 뛰어 올라가면 바로 나오는 타이 레스토랑과 연계해 제공하고 있다. 딤섬과 새우롤을 시켜 놓고, 맛있는 칵테일을 만드는 데에만 집중하는 바텐더들의 솜씨 발휘를 기대해도 좋다. 2주마다 11개의 칵테일 메뉴

가 등장하고 사라진다고 하니 여러 가지 창의적인 칵테일을 찾아볼 수 있다. 11시까지만 문을 연다는 점이 아쉽지만 곧 영업시간을 늘릴 예정이라고 하니, 어쩌면 밤 11시로 알고 찾아갔는데 어느새 새벽 늦게까지 문을 여는 해피니스 포겟츠가 되어 있을지도 모른다.

 세계 TOP 20, 영국 최고의 바
나이트자 NIGHTJAR

주소 129 City Road, EC1V 1JB **위치** 올드 스트리트(Old Street)역에서 도보 1분 **시간** 18:00~다음 날 2:00(목), 18:00~다음 날 3:00(금~토), 18:00~다음 날 1:00(일~수) *온라인 자리 예약 추천 **홈페이지** barnightjar.com

《클라스 매거진CLASS Magazine》이 뽑은 2011년 영국 최고의 바 10곳 중 하나로, 《드링크 인터내셔널 매거진Drinks International Magazine》이 세계 최고의 바 20곳 중 하나로 꼽은 곳이다. 손님이 바 안에 있는 좌석 수를 넘지 않도록 하는 엄격한 규칙이 있어 서비스도 세심하고 훌륭하다. 샷 1잔에 £60나 하는 스트레이트 라이 위스키Straight Rye Whiskey나 1910년산 올드 팀 긴 Old Tim Gin은 구경밖에 할 수 없지만 칼바도스로 만든, 영국 방송사 이름을 딴 BBC라든지 어느 바에 가도 찾아볼 수 있는 피나 콜라다를 오크 통에 담아 숙성시킨 에이지드 피나 콜라다Aged Pina Colada와 같은 나이트자의 대표 칵테일들로도 충분하다. '바'답게 음료에 특별히 신경을 쓴 것이 보이지만 안주 메뉴도 그에 못지않게 훌륭하다. 타파스 전문 셰프를 영입해 £5의 사이드 메뉴에도 신경을 써 분위기, 음료와 음식

어느 것 하나 부족한 것이 없다. 수요일부터 토요일까지는 저녁 9시에 블루스, 래그타임이나 스윙 라이브 공연이 열리고, 1인당 £5~7 정도의 커버 차지를 받는다. 금요일에는 밴드 대신 DJ가 좀 더 신나는 분위기를 연출한다.

 진한 커피는 물론 디저트까지 맛있는 쇼디치 대표 카페
오존 커피 로스터즈 OZONE COFFEE ROASTERS

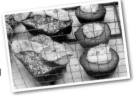

주소 11 Leonard Street, EC2A 4AQ **위치** 올드 스트리트(Old Street)
역에서 도보 2분 **시간** 7:30~17:00(월~금), 8:30~17:00(토~일) **홈페이지**
ozonecoffee.co.uk **전화** 020-7490-1039

뉴질랜드 출신 오존 커피 로스터즈는 런던에 그들의 첫 유럽 지점을 열었다. 2012년 3월 오픈하자마자 주
말 브런치 시간에 가면 자리 잡는 것이 힘들 정도로 사람들이 몰렸다. 진한 롱 블랙 커피가 아주 훌륭하고,
거의 모든 테이블은 여러 종류의 계란 요리와 프렌치토스트, 간 콩과 사워 브레드 등 가벼운 점심 메뉴들을
주문하고 있어 커피 맛뿐 아니라 실력 있는 요리 솜씨 또한 입소문이 난 듯하다. 느끼하지 않게 튀겨 낸 버블
& 스퀴크Bubble & squeak와 포슬포슬한 팬케이크는 오존의 단골이 강력히 추천하는 메뉴다. 신선한 라
즈베리를 얹은 치즈 케이크 등의 디저트 메뉴도 탐이 난다. 1층 한가운데에 에스프레소 바가 있어 커피를
뽑아내는 바리스타들의 빠른 손놀림을 구경하며 기다릴 수 있다.

 폭 넓은 가격대로 모두를 만족시키는 곳
굿후드 GOODHOOD

주소 151 Curtain Road, EC2A 3QE **위치** 올드 스트리
트(Old Street)역에서 도보 7분 **시간** 11:00~18:00(월
~금), 11:00~18:30(토), 12:00~18:00(일) **홈페이지**
goodhoodstore.com **전화** 020-7729-3600

200개 넘는 브랜드를 취급하는 2007년 개점한 인기 상점
이다. 현재 위치는 새롭게 이전한 플래그십 스토어. 최근
런던의 인기 맛집과 상점이 대부분 그러하듯, 굿후드 역시
팝업 스토어로 시작했다. 독립 브랜드와 한정판 상품들을
골라 영리하게 판매해 빠른 성장을 거둘 수 있었다. 매장에
서 오래 고민할 필요 없이 이미 살 만한 제품들만을 확실히
골라 온다는 점이 굿후드의 최대 강점이다. 남성, 여성 의류
와 홈 데코, 라이프 스타일 제품들을 다양하게 판매하며 화
장품과 필기구류도 인기가 많다. 자체 제작 브랜드 굿즈 바
이 굿후드Goods by Goodhood를 통해 홈 웨어 아이템도
판매한다.

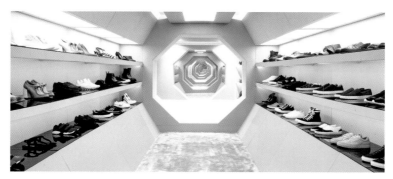

혁신적인 콘셉트 스토어
LN-CC

주소 18-24 Shackelwell Lane, E8 2EZ **위치** 오버그라운드 (Overground)선 돌스턴 킹스랜드(Dalston Kingsland)역에 서 도보 5분 **시간** 10:00~18:00(월~금) **휴무** 토, 일요일 **홈페이지** www.ln-cc.com **전화** 020-4530-5082

세트 디자이너와 아트 디렉터 개리 카드Gary Card가 총지 휘한 미래 지향적인 인테리어의 매장. 간판도 없이 런던 북 동부에 위치해 조용히 벨을 누르고 문이 열리면 들어오는 패션 피플들을 맞이한다. 현대적인 소매 판매를 재정의하 는 럭셔리 상점으로, 수요가 없는 명품 상점을 최초로 개발 해 운영해 보자는 독특한 비전으로 탄생했다. 취급하는 브 랜드의 가치와 고유한 특성을 최대한 살려 선별하고, 큐레 이팅해 소비자들의 쇼핑 패턴을 따르는 것이 아니라 유행

을 선도한다는 점에서 최근 가장 주목받는 런던의 쇼핑 플레이스다. 도서관과 바, 커스텀 사운드 시스템을 갖춘 클럽 공간도 있다.

Notice 2022년 8월 현재 코로나19로 임시 휴업 중. 방문 전에 운영 여부를 확인하자.

Tip. 리들리 로드 쇼핑 빌리지 Ridley Road Shopping Village

20세기 초 유대인 이민자들이 모여 살던 지역으로 그때부터 아시아, 그리 스, 터키, 웨스트 인디언들 등 다양한 인종이 모여 사는 활기 넘치는 동네 돌 스턴을 대표하는 시장 중 하나다. 천, 직물 시장, 터키 슈퍼마켓, 레게 음악, 이국적인 시장 음식과 싸고 맛 좋은 과채류 등 의류와 잡화를 비롯해 다양한 물건을 판매하니 LN-CC의 화려한 매장을 구경하고 둘러보기 좋은 색다른 시장이다.

주소 51-63 Ridley Road, E8 2NP **위치** 오버그라운드(Overground)선 돌스턴 킹스랜드(Dalston Kingland)역에서 도보 3분 **시간** 9:30~16:00(월~토) **홈페이지** ridleyroad.co.uk **전화** 020-8356-5300

맛있는 요리와 더 맛있는 와인

세이저 + 와일드 SAGER + WILDE

주소 193 Hackney Road, E2 8JL **위치** 오버그라운드(Overground)선 혹스톤(Hoxton)역에서 도보 5분 **시간** 17:00~24:00(월~목), 17:00~다음 날 1:00(금), 12:00~다음 날 1:00(토), 12:00~24:00(일) **홈페이지** www. sagerandwilde.com **전화** 020-8127-7330

세계 각지의 훌륭한 와인 산지를 여행한 후 좋은 가격대의 맛있는 와인 리스트를 만들어 오픈한 바. 스태프 교육도 철저해 모든 메뉴에 대해 친절히 설명해 주고 취향에 맞는 와인을 고를 수 있도록 돕는다. 칵테일 리스트도 추천한다. 주류만큼이나 음식에 신경을 써서 현대적인 영국 음식과 유러피언 요리로 구성된 안주 메뉴도 맛있다. 화려한 경력의 셰프가 매일 바뀌는 창의적인 요리 메뉴를 선보인다. 이베리코 포크와 그릴 샌드위치가 인기가 많다. 매끄러운 서비스도 일품이다. 파라다이스 로우에도 지점이 있으며 요리 메뉴가 더 방대하다(250 Paradise Row, E2 9LE).

행복한 피카 타임!

패브리크 FABRIQUE

주소 Arch 385, Geffrye Street, E2 8HZ **위치** 오버그라운드(Overground)선 혹스톤(Hoxton)역에서 도보 1분 **시간** 8:00~17:00(월~금), 9:00~18:00(토~일) **홈페이지** fabrique.co.uk **전화** 020-7033-0268

스웨덴의 커피 타임을 칭하는 '피카' 콘셉트로 연 빵집이다. 북유럽 스타일 빵과 함께 누구나 좋아하는 크루아상이나 바게트, 브라우니를 구워 내는 부지런한 베이커리로 혹스톤역 바로 앞에 위치해 찾기도 쉽다. 스웨덴을 제외한 유일한 지점으로 시나몬 번이 가장 인기가 많다. 테이블 자리는 그리 많지 않아 운이 좋아야 볕이 잘 드는 테라스 자리에 앉아 커피와 함께 빵을 즐길 수 있다. 커피 또한 스웨덴에서 공수해 오는데 빵 맛의 평을 따라가지 못하니 빵만 포장하는 것도 좋다. 코번트 가든(8 Earlham Street, WC2H 9RY)과 노팅힐(212 Portobello Road, W11 1LA)에도 지점이 있다.

뮤지엄 오브 더 홈 MUSEUM OF THE HOME

주소 136 Kingsland Road, E2 8EA **위치** 오버그라운드(Overground)선 혹스톤(Hoxton)역에서 도보 1분 **시간** 10:00~17:00(화~일) **요금** 무료 **홈페이지** www.museumofthehome.org.uk

17세기부터 현재까지의 영국 가정집 인테리어의 역사를 보여 준다는 점에서 런던의 특별한 박물관 중 하나로 빠지지 않고 꼽히는 이곳의 정원은 박물관만큼이나 방문객들에게 주목받는 곳이다. 인테리어의 트렌드가 변화함에 따라 가정집들이 정원을 가꾸는 방식 역시 변화했기에, 박물관의 테마이기도 한 가정집 인테리어와 정원 간의 연관성 역시 크다고 생각해 박물관 측에서도 정원에 대한 관리가 철저해 볼거리가 많기 때문이다. 반대로 정원에서 피어나는 꽃이나 나무들로부터 영감을 받아 실내 장식에 영향을 미치기도 했다고 한다. 정원은 프런트 가든Front Garden, 총 170여 종의 허브가 있는 허브 가든Herb Garden 그리고 시대별 정원들의 모습을 보여 주는 피리어드 가든 룸Period Garden Rooms으로 나뉜다. 제프리 박물관은 현재 보수 공사 중으로 2020년까지 문을 닫지만, 넓은 정원은 개방돼 있고 종종 이벤트도 열린다.

아이들도 어른들도 즐거운 곳
V&A 어린이 박물관 V&A MUSEUM OF CHILDHOOD

주소 Cambridge Heath Road, E2 9PA **위치** 베스널 그린(Bethnal Green)역에서 도보 2분
시간 10:00~17:45 **휴관** 12월 24~26일 **요금** 무료 **홈페이지** www.vam.ac.uk/info/young
전화 020-8983-5200

세계에서 가장 큰 장난감 박물관으로, 수백 년 전 아이들이 가지고 놀던 헝겊 인형과 인형의 집, 레고, 나무로 만든 투박한 기차, 바비 인형 등 세계 각지의 장난감을 1872년부터 수집, 전시하며 장난감의 긴 역사를 보여준다. 17세기 초반부터 지금까지 생산되는 셀 수 없이 많은 종류의 장난감이 연대기별로 분류돼 있다. 런던 시내에 위치한 빅토리아 & 앨버트 박물관 재단에서 관리하는 것으로 정기 전시와 특별전, 카페와 기념품 상점을 운영한다.

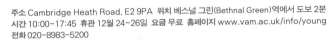

`Notice` 2022년 8월 현재 코로나19로 임시 휴업 중. 방문 전에 운영 여부를 확인하자.

해가 쨍하고 빛나는 날에 가면 좋다
빅토리아 공원 VICTORIA PARK

주소 Grove Road, E3 5TB **위치** 베스널 그린(Bethnal Green)역에서 도보 12분 **시간** 매일 7:30~21:00

1845년 대중에게 개방한 86ha의 넓은 공원. 런던에서 가장 오래된 역사를 가진 공원으로 다양한 행사와 스포츠, 피크닉의 장소로 사랑받고 있다. 해마다 9백만 명 이상이 찾는 런던에서 가장 인기가 많은 공원 중 하나로 꼽히며 영국 사람들이 투표로 뽑은 영국 최고의 공원이기도 하다. 시내 중심과 조금 떨어져 있어 관광객보다는 런더너들이 더 많이 찾아 하이드나 리전트 파크에 비해 호젓하고 한가로워 여유를 즐기러 일부러 찾는 사람들도 있다.

 올림픽을 기념해 세워진 공원
퀸 엘리자베스 올림픽 공원 QUEEN ELIZABETH OLYMPIC PARK

주소 Queen Elizabeth Olympic Park, E20 2ST **위치** 사우스이스턴(Southeastern)선 스트랫퍼드 인터내셔널(Stratford International)역에서 도보 11분 **홈페이지** www.queenelizabetholympicpark.co.uk

2012년 런던 올림픽을 위해 조성된 공원으로, 대형 경기장 코퍼 박스 아레나Copper Box Arena, 런던 스타디움London Stadium과 수영장London Aquatics Centre, 자전거 공원Lee Valley VeloPark과 하키와 테니스 센터Lee Valley Hockey and Tennis Centre 등 다양한 스포츠 공간으로 구성돼 있다. 올림픽을 마치고는 스포츠 경기보다 다양한 런던 행사를 수용할 수 있도록 재정비해 2014년 재개장했다. 사람들이 잔디

밭에 앉을 공간을 더 많이 확보했고 상점과 식당, 바를 공원 곳곳에 배치했으며 아이들에게 특히 인기가 좋은 분수와 스케이트 파크, 다섯 개의 놀이터, 무료로 사용할 수 있는 클라이밍 벽이 있다. 출입구는 여러 개가 있지만 주 출입문은 쇼핑몰 웨스트필드 스트랫퍼드Westfield Stratford 옆에 있다.

리전트 파크
& 캠던

Regent Park & Camden

개성 강한 사람들이 모여 있는 트렌디한 젊은 지역

자유분방한 런더너들 중에서도 가장 개성 강한 사람들이 모이는 동네가 바로 캠던이다. 레게
머리를 땋고 타파스를 먹다가 시샤(물 담배)를 한 모금 빨고 밤 늦게 클럽에서 춤출 수 있는,
£1에 낡은 빈티지 아이템을 득템할 수 있는 이 동네의 히피와 시장 상인들 사이에서 여행자들
은 더욱더 자유로울 수 있다. 가장 패셔너블한 동네가 아니더라도, 가장 깨끗하고 잘 닦인 길은
없을지라도 캠던은 분명 런던에서 가장 '신나는' 동네다. 주말마다 15만 명이나 되는 인파가 몰
릴 정도이기 때문이다. 몇몇 시장과 주변 상점들이 주중에는 문을 닫으니 가장 바쁘고 활발한
토요일에 놀러 갈 것을 추천한다. 목요일부터 점점 사람들이 많이 모이기 시작해 주말에 그 정
점을 찍는다.

핀칠리 로드역
Finchley Road

핸프스테드 히스
Hampstead Heath
켄우드
Kenwood
키츠 하우스
Keat's House

켄티시 타운 웨스트역
Kentish Town West

스위스 코티지역
Swiss Cottage

초크 팜역
Chalk Farm

사우스 햄프스테드역
South Hampstead

캠던 마켓
Camden Market

프림로즈 베이커리
Primrose Bakery

애비 로드 스튜디오
Abbey Road Studio

프림로즈 힐
Primrose Hill

세인트 존스 우드역
St. John's Wood

ZSL 런던 동물원
ZSL London Zoo

리전트 파크 & 캠던

리전트 파크
Regent's Park

퀸 메리 가든
Queen Mary's Gardens

셜록 홈스 박물관
Sherlock Holmes Museum

리전트 파크역
Regent's Park

베이커 스트리트역
Baker Street

마담 투소
Madame Tussauds

더 콘란 숍
The Conran Shop

리틀 베니스
Little Venice

매럴러번역
Marylebone

옵소
Opso

던 북스
Daunt Books

에지웨어역
Edgware
(Bakerloo Line)

에지웨어역
Edgware
(Circle Line)

더 모노클 카페
The Monocle Cafe

노르딕 베이커리
Nordic Bakery

매치스 패션
Matches Fashion

더 컬래버레이티브 스토어
The Collaborative Store

르 를레 드
베니스 랑트르코트
Le Relais De
Venise L'Entrecôte

월리스 컬렉션
The Wallace Collection

패딩턴역
Paddington

패딩턴역
Paddington

본드 스트리트역
Bond Street

마블 아치역
Marble Arch

랭커스터 게이트역
Lancaster Gate

튜브 **베이커루, 서클, 해머스미스 앤드 시티, 디스트릭트**Bakerloo, Circle, Hammersmith & City, District**선** – 에드웨어 로드Edware Road역, 패딩턴Paddington역

베이커루, 메트로폴리탄, 서클, 해머스미스 앤드 시티, 주빌리 Bakerloo, Metropolitan, Circle, Hammersmith & City, Jubilee**선** – 베이커 스트리트Baker Street역

메트로폴리탄, 서클, 해머스미스 앤드 시티 Metropolitan, Circle, Hammersmith & City**선** – 그레이트 포틀랜드 스트리트Great Portland Street역

노던Northern**선** – 캠던 타운Camden Town역, 초크 팜Chalk Farm역, 모닝턴 크레센트 Mornington Crescent역

기차 **오버그라운드**Overground**선** – 캠던 로드Camden Road역, 켄티시 타운 웨스트Kentish Town West역

칠턴 레일웨이즈 Chiltern Railways**선** – 매럴러번Marylebone역

칠턴 레일웨이즈, GWR, 히스로 커넥트, 히스로 익스프레스 Chiltern Railways, GWR, Heathrow Connect, Heathrow Express**선** – 패딩턴Paddington역

Best Course

대중적인 코스

리틀 베니스

○ 버스 139 또는 189번 타고 14분

더 모노클 카페

○ 도보 1분

더 컬래버레이티브 스토어

○ 도보 6분

던트 북스

○ 도보 2분

옵소(점심)

○ 도보 3분

더 콘란 숍

○ 도보 4분

마담 투소

○ 도보 4분

셜록 홈스 박물관

○ 주빌리선 13분

애비 로드 스튜디오

○ 도보 19분

리전트 파크

○ 도보 15분

프림로즈 힐

○ 274번 버스 타고 18분

르 를레 드 베니스 랑트르코트(저녁)

 즐겁고 교육적인 인기 동물원
ZSL 런던 동물원 ZSL LONDON ZOO

주소 Outer Circle, Regent's Park, NW1 4RY **위치** 리전트 파크(Regent's Park)역에서 도보 24분 **시간** 10:00~18:00(3월 27일~9월 4일), 10:00~16:00(11월 1일~2월 11일), 10:00~17:00(2월 12일~3월 26일) **휴무** 12월 25일 **요금** 스탠다드 티켓 £33 (성인), £29.70 (학생, 60세 이상, 장애인), £21.45 (아동), *3세 미만 무료 **홈 페이지** www.zsl.org **전화** 0344-225-1826

세계 최초의 과학적인 동물원으로, '동물학을 자세히 설명하고 가르치기 위한' 사명감을 띠고 있다. 19세기 중반 하마와 코끼리 등을 시작으로 대중에게 개방돼 처음부터 대단한 인기를 끌었다는 ZSL 런던 동물원은 처음에는 실내에만 동물들을 가두어 놓아 공기와 운동이 부족한 동물들이 여럿 죽어 나갔다고 한다. 하지만 야외에 풀어 놓은 다음부터는 오래오래 건강하게 살아 지금까지 그 수가 계속 늘어나 현재 700여 종의 동물 이 이곳에 살고 있다. 이중에는 멸종 위기 동물도 있는데, 런던 동물원은 관람객 입장료의 일부를 전 세계 멸 종 위기 동물 보호 운동에 기부한다고 한다. 야행성 동물, 호주의 아웃백, 동물들을 만져 볼 수 있는 어드벤 처 등 여러 공간으로 나누어 다양한 체험을 할 수 있다.

 볼거리 가득한 런던의 푸른 공원
리전트 파크 REGENT'S PARK

주소 Chester Road, NW1 4NR **위치** 리전트 파크(Regent's Park)역에서 나와서 바로 **시간** 5:00~17:00(1 월), 5:00~18:00(2월), 5:00~19:00/20:00(3월), 5:00~21:00(4월), 5:00~21:30(5~7월), 5:00~21:00(8월), 5:00~20:00(9월), 5:00~19:00/17:30(10월), 5:00~16:30(11~12월) **홈페이지** www.royalparks.org.uk/ parks/the-regents-park **전화** 030-0061-2300

하이드 파크와 함께 런던의 푸르름을 담당하고 있으 며, 두 번 감는 동그라미 길Inner Circle/Outer Circle을 따라 걸을 수 있는 넓은 공원으로, 훗날 조지 4세가 된 리전트 왕자가 존 내시John Nash에게 설계를 명해 19 세기 초반 조성됐다. 5월부터 9월까지 공연하는 야외 극장Open Air Theatre을 비롯해 공원 안팎의 여러 볼 거리가 가족들의 나들이에 완벽해 주말이면 아빠 어깨 위에 목말을 탄 아이와 유모차에서 신이 난 아이들의

모습을 공원 곳곳에서 볼 수 있다. 축구, 럭비, 소프트볼, 크리켓, 테니스 코트가 마련돼 있어 운동을 좋아하 는 청년들 역시 리전트 파크를 아지트 삼는다. 200만m²나 되는 이 큰 공원 한 바퀴를 도는 것만으로도 공원 주위에 위치한 맛집들을 찾아 배불리 먹을 핑계가 된다.

와일드라이프 가든 WILDLIFE GARDEN

공원 모든 곳이 무성한 나무와 수풀, 꽃으로 뒤덮여 있지만 가장 야생적인 모습을 볼 수 있는 곳이 바로 와일드라이프 가든이다. 아이들이 도시에서 접하지 못하는 동식물들을 전시하거나 사육하며 그림이 그려진 간단한 푯말이 꽂혀 있어, 이름을 몰라 눈으로만 담지 않아도 되는 예쁜 공원이다. 리전트 파크의 녹음을 사랑하는 자원봉사자들의 도움으로 관리되고 있다.

애비뉴 가든 AVENUE GARDEN

리전트 파크의 남동쪽 끝에 위치한 길게 뻗은 대로를 중심에 둔 애비뉴 가든은 드넓은 리전트 파크를 통틀어 가장 왕실 정원 분위기가 나는 곳이다. 영화 〈킹스 스피치The King's Speech〉에서 버티Bertie와 라이오넬Lionel이 산책하는 곳이 바로 이 애비뉴 가든이다. 왕의 산책로로도 손색이 없는 이 정원 한가운데를 따라 걸으며 양옆으로 피어 있는 올망졸망한 꽃들을 감상해 보자. 흔히 볼 수 없는 나무와 덤불이 많다. 초봄에는 벚꽃이 흐드러지게 핀다.

퀸 메리 가든 QUEEN MARY'S GARDENS

조지 5세의 부인이었던 메리 여왕 사망 400주년을 기념해
1987년 그녀의 이름을 새로이 붙인 아름다운 정원이다.
본래 왕립 예원 협회Royal Botanic Society가 소유하고 있
었지만 대지료 합의 결렬로 임대를 끝내고 리전트로 옮겼
다. 런던에서 가장 큰 장미 정원인 퀸 메리 가든의 로즈 가든
Rose Garden은 트리톤 분수Triton Fountain를 가운데 두고
400여 종, 3만 송이의 장미가 피어 있는 아름답고 향기로운
정원으로, 만발하는 장미뿐 아니라 수백여 종의 다른 꽃들도

함께 피어 있다. 리전트 파크의 야외 공연장(openairtheatre.org)도 여기 퀸 메리 가든
에 위치하고 있으며, 여름에는 언제나 셰익스피어의 〈한여름 밤의 꿈〉 공연이 열린다.

 ## 보팅 레이크 BOATING LAKE

힘차게 노를 젓는 조정 경기가 아닌, 느긋하게 천
천히 물길을 가르는 한가로운 오후를 보낼 수 있
는 곳이다. 보트를 대여하는 곳 바로 옆에 널찍한
카페가 있어 식사를 하거나 차를 마시며 쉴 수도
있고, 90종이나 되는 물새들의 꽥꽥거리는 합창
을 감상해도 좋다. 아이들과 어른들의 보트 놀이
공간이 따로 구분돼 있어 안전과 편의성도 훌륭
하며, 새 모이를 주거나 강아지 산책을 시키는 등

꼭 보트를 타지 않아도 보트 놀이를 하는 사람들을 구경하며 즐거운 시간을 보낼 수 있다.

명탐정 홈스의 흔적이 곳곳에 살아 있다
셜록 홈스 박물관 SHERLOCK HOLMES MUSEUM

주소 221b Baker Street, NW1 6XE 위치 베이커 스트리트(Baker Street)역에서 도보 3분 시간 9:30~18:00 휴무 12월 25일 요금 £16(성인), £11(16세 이하) 홈페이지 www.sherlock-holmes.co.uk 전화 020-7224-3688

코난 도일 경에 의하면 영국에서 제일 가는 명탐정 셜록 홈스는 1881~1904년 동안 이 건물에서 살았다고 한다. 물론 책 속의 이야기고 셜록 홈스는 실존 인물이 아니지만 워낙 소설이 유명하고 팬이 많아 셜록을 위해 베이커 스트리트에 박물관을 설립한 것이다. BBC에서 TV 드라마로 방영하고 있는 영국 드라마〈셜록〉이 큰 인기를 끌면서 요즘에도 이 박물관의 인기는 사그라들지 않는다. 홈스가 살았던 모습 그대로 재현해 놓아, 방문하는 사람들은 방금 막 사건을 해결하러 뛰쳐나간 듯한 홈스의 방을 구경할 수 있다.

실제 모습을 보는 듯 생생한 왁스 모형 박물관
마담 투소 MADAME TUSSAUDS

주소 Marylebone Road, NW1 5LR 위치 베이커 스트리트(Baker Street)역에서 도보 2분 시간 9:30~17:30(월~금), 9:00~18:00(토~일, 공휴일), 9:00~14:30(12월 24일), 10:00~18:00(12월 26일), 10:30~18:00(1월 1일) 휴무 12월 25일 요금 £37(성인), £33.50(4~15세) *다양한 어트랙션과 다른 프로그램과 통합된 티켓을 함께 홈페이지에서 판매하니 확인하고 구매하는 것을 추천한다 홈페이지 www.madametussauds.com

왕실 가족들과 축구 선수, 영화배우들이 모두 모여 있는 유일한 박물관 마담 투소는 실제 있었던 인물의 이름을 딴 곳이다. 마담 투소는 마리 투소Marie Tussaud로 프랑스에서 태어나 왁스 모델링을 하던 의사의 집에서 가정부를 하던 어머니 아래에서 자랐다고 한다. 이 의사에게서 왁스 모델링 기술을 익혀 런던 베이커 스트리트에 1835년 현재의 박물관을 내고, 그때부터 유명 인사들이 차례로 이곳에 왁스 모형으로 입주하기 시작했다. 하나의 모형을 만들기까지 250번이나 수치를 재고 머리카락도 한 올씩 작업한다고 하니 실제와 꼭 닮은 모형들은 우연의 일치가 아니라는 것을 알 수 있다. 가장 최근 들어온 인물 중 하나는 윌리엄 왕자의 새 신부 케이트 미들턴으로, 다이애나 비에게서 물려받은 약혼반지도 끼고 있다.

캠던 마켓 CAMDEN MARKET

여러 개의 마켓이 모여, 주말이면 인파로 넘쳐 나는 곳

주소 Camden Lock Place, NW1 8AF 위치 ❶ 캠던 타운(Camden Town)역에서 도보 4분 ❷ 초크 팜(Chalk Farm)역에서 도보 4분 시간 10:00~늦은 시간까지(시장과 상점마다 영업시간 다름) *연중무휴 홈페이지 www.camdenmarket.com

'캠던 마켓'은 이곳에 모인 여러 개의 시장을 모두 합쳐 말하는 것인데, '캠던 마켓'이라는 간판을 달고 있는 이 시장은 이름은 그럴싸하지만 이곳이 캠던 지역의 메인 마켓은 아니다. 하지만 여러 시장 중에서도 가장 벼룩 시장의 모습을 닮아 있다. 200여 개의 가판에 캠던의 빨래를 모두 모아 널어놓은 듯 빼곡히 걸려 있는 티셔츠와 원피스들을 제치며 쇼핑하는 사람들이 이 큼직한 간판을 넘어 들어가 시장 속에서 바쁘게 돌아다닌다. 바로 앞의 대로변에는 빈티지한 클럽 패션과 피어싱 등 폴로 셔츠에 스웨터를 걸친 사람들이라면 깜짝 놀랄 만한 아이템을 판매하는 상점들로 가득하니, 시장에 들어서지 않아도 신기해하며 구경할 것들이 많다.

· 캠던 마켓 ·

INSIDE

 캠던 록 마켓 CAMDEN LOCK MARKET

바로 이곳이 1970년대부터 성업해 매주 15만 명의 구경꾼이 캠던을 찾아오도록 한 시장이다. 동, 서로 나뉘어 마켓 홀과 중간 광장까지 빽빽히 메운 상점들은 팔 수 있는 모든 종류의 물건을 팔고 있으며, 보트를 타고 운하를 따라 어디든지 이동하거나 이곳에서 하루 종일 시간을 보낼 수도 있으니 왜 이곳이 런던에서 주말에 가장 인기 있는 곳인지 알 수 있을 것이다.

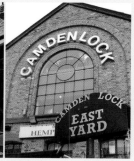

🛒 캠던 록 빌리지 CAMDEN LOCK VILLAGE

본래 운하 마켓Canal Market으로 운영되고 있었으나 2008년 큰 화재로 모두 타고 2009년 5월 캠던 록 빌리지로 다시 태어났다. 오토바이로 만든 의자가 놓여 있어 이 위에 걸터 앉아 포즈를 잡고 사진 찍는 사람들이 유난히 많다. 너무 많은 사람이 찾아오다 보니 전부 해지고 닳았다는 단점도 있지만 어쨌든 기념사진용으로는 훌륭하다. 다른 마켓들보다 좀 더 넓고 가판들이 붙어 있지 않으며 500여 개의 상점 중 다양한 먹거리를 파는 곳이 많아 바쁘게 캠던을 돌아보고 식사를 하러 캠던의 마지막 일정으로 찾는 사람들이 대부분이다.

🛒 인버네스 스트리트 마켓 INVERNESS STREET MARKET

원래 마구간이었던 공간이기에 말 형상을 한 조각상이라든지 말과 관련한 흔적들이 여전히 많이 남아 있다. 앤티크를 전문으로 하지만 가장 극단적인 패션 트렌드 역시 이곳에서 찾아볼 수 있다. 세계 각국의 음식들을 판매하는 가판도 있어 한 가지 특징으로 규정할 수 없는 캠던에서도 가장 개성이 강하다.

🛒 스테이블스 마켓 STABLES MARKET

1900년대부터 캠던의 과채상이 위치해 온 인버네스 스트리트에 위치한 이 시장에서는 캠던 벅 스트리트 마켓과 마찬가지로 의류와 신발을 판매하고, 각종 기념품과 신선한 과일과 채소도 선보인다. 시장 길거리 음식으로도 유명한데, 주문하면 바로 그 자리에서 짜 주는 신선한 오렌지주스가 정말 시원하고 달다.

책벌레들의 천국
던트 북스 DAUNT BOOKS

주소 83 Marylebone High Street, W1U 4QW 위치 ❶ 베이커 스트리트(Baker Street)역에서 도보 8분 ❷
리전트 파크(Regent's Park)역에서 도보 8분 시간 9:00~19:30(월~토), 11:00~18:00(일) 홈페이지 www.
dauntbooks.co.uk 전화 020-7224-2295

1910년 앤티크 서점 건물로 세워진 아름다운 건물에 위치한다. 유리로 된 천장으로 들어오는 빛을 받으며
빼곡히 꽂혀 있는 책을 구경할 수 있다. 런던에 여러 지점이 있지만 매럴러번 하이 스트리트에 위치한 이곳
이 가장 고풍스러운 인테리어를 갖추고 있으며 규모도 크다. 우아한 곡선 계단은 던트에서 꼭 사진을 찍게
만드는 포토 포인트. 유명 작가들이 낭독회를 열기도 하며 던트에서 추천하는 '선물하기 좋은 책', '최고의
추리 소설' 등 테마별로 추천하는 목록들이 책을 고르는 데에 큰 도움이 된다. 여행 서적란이 꽤 크게 자리하
고 있어 많은 여행자가 찾는다. 자체 제작 토트백은 인기 기념품이다.

무료로 감상하는 17~18세기 명작
월리스 컬렉션 THE WALLACE COLLECTION

주소 Hertford House, Manchester Square, W1U 3BN 위치 본드 스트리트(Bond Street)역에서 도보 7분 시간
10:00~17:00 휴관 12월 24~26일 요금 무료 홈페이지 www.wallacecollection.org 전화 020-7563-9539

하트퍼드Hertford 후작 가문의 저택에 위치한 개인 예술 컬렉션으로 1897년 리차드 월리스 경의 부인
이 국가에 기증해 1900년부터 대중에게 공개됐다. 17~18세기 회화, 조각, 공예품을 전시하며 도자기, 가
구, 금 세공품, 무기류도 있다. 티치아노Vecellio Tiziano, 부셰François Boucher, 프라고나르Jean-Ho-
noré Fragonard 등 유명 작가들의 작품이 다수 걸려 있다. 영구 전시와 함께 다양한 주제의 특별 전시를 함께 연다.

우아하고 현대적인 대형 가구 상점

더 콘란 숍 THE CONRAN SHOP

주소 55 Marylebone High Street, W1U 5HS **위치** 리전트 파크(Regent's Park)역에서 도보 5분 **시간** 10:00~19:00(월~토), 12:00~18:00(일) **홈페이지** www.conranshop.co.uk **전화** 020-7723-2223

인테리어 소매점 해비탯Habitat을 창립하고 영국 디자인 협회의 프린스 필립 디자이너상을 수상한 영국을 대표하는 인테리어 디자이너 테렌스 콘란 경의 상점이다. 런던의 훌륭한 식당들의 인테리어를 담당했으며 1983년 영국 기사KBE 작위를 받았다. 3층 건물을 가득 메운 가구와 서적, 조명 등의 소품들이 눈길을 끈다. 60년대부터 모더니즘을 선도한 콘란의 이름을 건 상점답게 깔끔하고도 개성 있는 디자인이다. 같은 건물에 추천할 만한 레스토랑 오레리Orrery가 있다. 켄싱턴(81 Fulham Road, SW3 6RD)에도 지점이 있다.

신선하고 미니멀한 콘셉트 스토어

더 컬래버레이티브 스토어 THE COLLABORATIVE STORE

주소 58 Blandford Street, W1U 7JB **위치** 본드 스트리트(Bond Street)역에서 도보 10분 **시간** 11:00~19:00(월) **홈페이지** www.thecollaborativestore.co.uk/en/

쇼디치에 두 번의 팝업 스토어를 성공적으로 마친 후 오픈한 매장이다. 현대적인 패션, 홈 웨어, 미술 브랜드의 상품들을 선별해 판매한다. 개별 상품에 이야기가 깃들어 있어 특별한 상품을 선보이는 것을 철학으로 삼는다. 트렌드를 좇지 않는 브랜드들만 취급한다고 자부하며 아직 잘 알려지지 않은 디자이너들을 소개하고 있어 이곳에서만 살 수 있는 물건들이 많다. 매달 워크숍과 팝업 스토어를 매장 내에서 주최해 언제 가도 색다르고 새롭다.

예쁜만큼 커피 맛도 좋은 곳
더 모노클 카페 THE MONOCLE CAFE

주소 18 Chiltern Street, W1U 7QA **위치** 본드 스트리트(Bond Street)역에서 도보 10분 **시간** 7:00~19:00(월 ~금), 8:00~19:00(토~일) **홈페이지** cafe.monocle.com **전화** 020-7135-2040

유명 매거진 모노클Monocle이 차린 힙한 카페. 커피는 올프레스 블렌드를 사용하며 베이커리는 패브리크 에서 가져온다. 외관과 내부 모두 무척 트렌디해 수많은 런더너의 SNS 배경으로 등장한다. 커피와 함께 내 주는 모노클 로고가 새겨진 초콜릿 서비스도 귀엽다. 하이볼과 아페롤 스프리츠 등 입맛을 돋우는 시원한 칵테일 메뉴와 치킨 커리, 돈가스 샌드위치, 타코 라이스 등 식사로 먹을 만한 한국인 입맛의 요리도 있다. 모노클 잡지와 책, 모노클 상점에서 판매하는 여러 제품들도 물론 볼 수 있다.

줄을 서서 기다린 보람이 있다
르 를레 드 베니즈 랑트르코트 LE RELAIS DE VENISE L'ENTRECÔTE

주소 120 Marylebone Lane, W1U 2QG **위치** ❶ 베이커 스트리트(Baker Street)역에서 도보 11분 ❷ 본 드 스트리트(Bond Street)역에서 도보 11분 **시간** 12:00~14:30, 18:00~22:45(월~목), 12:00~15:00, 18:00~23:00(금), 12:30~15:30~18:30~23:00(토), 12:30~15:30, 18:30~22:30(일) **홈페이지** www. relaisdevenise.com **전화** 020-7486-0878

콧대 높은 파리지앵들도 30분, 1시간씩 줄을 서서 먹는다는 이 소문난 맛집을 경험한 사람이라면 매 럴러번을 걷다가 '앗!' 하고 깜짝 놀랄 만한 레스토 랑이다. 프랑스 스테이크-프리트 전문점인 르 를레 드 베니즈 랑트르코트의 런던 지점이다. 비법을 알고 있는 사람이 몇 안 된다는 비밀 머스터드 소스를 얹은 르 를레의 스테이크는 두 번 서빙되고, 감자튀김 역시 산더미같이 얹어 주니 양으로 불평할 사람은 아무도 없을 것이다. £24에 샐러드

와 스테이크, 감자튀김 두 접시면 런던에서는 무척 훌륭한 가격이다. 소호(50 Dean Street, W1D 5BQ)와 카나리워프(18-20 Mackenzie Walk, E14)에도 지점이 있다.

그리스 음식의 런던스러운 해석

옵소 OPSO

주소 10 Paddington Street, W1U 5QL **위치** 베이커 스트리트(Baker Street)역에서 도보 6분 **시간** 12:00~23:00(월~목), 12:00~23:30(금), 10:00~23:30(토), 10:00~22:30(일) **홈페이지** www.opso.co.uk **전화** 020-7487-5088

그리스 음식을 바탕으로 하여 어떤 것은 전통 레시피 그대로, 어떤 것은 현대적으로 재해석해 메뉴를 구성했다. 그리스어로 아주 맛있는 요리를 '옵소'라고 부르기에 이름에 부합할 수 있는 맛있는 요리를 언제나 개발하고 있다고 한다. 그리스식 타파스처럼 여러 요리를 작은 양으로 주문해 맛볼 수 있고, 그리스에서 항상 식재료를 공수한다. 옵소가 특히 자랑스러워하는 와인 리스트에는 모던 그리스 와인들이 여러 종류 올라와 있다. 주말에는 브런치 메뉴를 주문할 수 있는데 금세 만석이 되니 일찍 가는 것이 좋다.

런던 속 작은 베네치아

리틀 베니스 LITTLE VENICE

주소 Little Venice, W2 1ST **위치** 워릭 애비뉴(Warwick Avenue)역에서 도보 4분

1820년 런던의 그랜드 유니언 운하Grand Union Canal가 신설됐을 때 이 지역은 배고픈 예술가들과 창녀들이 모여 사는 곳이었다. 하지만 지금 리틀 베니스는 런던에서 가장 조용하고 깔끔한 부촌으로, 이 구역의 17세기 건물들은 이제 막 지어진 듯 깨끗하게 닦여 있고, 운하의 물도 언제나 잔잔하다. 노팅 힐과 패딩턴역 가운데 위치해 접근성도 좋은데 아직까지 잘 알려지지 않았다는 점이 의아할 정도로 한 폭의 그림 같은 곳이다. 원조 베니스보다야 훨씬 작지만, 그래서 더 아기자기하고 사랑스럽다.

 비틀즈처럼 횡단보도를 건너 볼까
애비 로드 스튜디오 ABBEY ROAD STUDIO

주소 3 Abbey Road, NW8 9AY **위치** 세인트 존스 우드(St. John's Wood)
역에서 도보 5분 **홈페이지** www.abbeyroad.com **전화** 020-7266-7000

비틀즈로 인해 런던에서 가장 유명한 녹음실이 된 애비
로드 스튜디오는 지금도 활발히 음악 활동을 하고 있는
녹음실이며, 음악인들을 위한 음악용품을 판매하는 상점
과 수많은 방문객을 위한 레스토랑과 카페를 운영하고 있
다. 녹음실 안에는 들어갈 수 없어도 스튜디오 바깥의 횡
단보도 앞에서 비틀즈 앨범의 커버처럼 사진을 찍고 스튜
디오 안 카페에서 쉬었다 가며 비틀즈 노래를 한 곡 듣고
가는 것이 비틀즈 팬들에게는 굉장한 추억이 될 것이다.

Tip.

막상 애비 로드를 찾아가는 길은 시내에서
조금 벗어나 있다. 주변에는 다른 볼 것이 없
어 수고스러운데, 사람들이 너무 많아 원하
는 그림을 만드는 것이 쉽지 않고 기념사진
을 찍느라 차도를 막는 사람들을 향한 화난
목소리와 경적 소리가 빗발친다.

 유명 브랜드 최고의 제품들을 선별해 판매하는 곳
매치스 패션 MATCHES FASHION

주소 87 Marylebone High Street, W1U 4QU **위치** ❶ 베이커 스트리트(Baker Street)역에서 도보 8분 ❷
리전트 파크(Regent's Park)역에서 도보 8분 **시간** 10:00~18:00(월~토), 12:00~18:00(일) **홈페이지** www.
matchesfashion.com **전화** 020-7487-5400

온라인으로 이미 전 세계적으로 잘 알려진 런던을 베
이스로 하는 명품 소매 체인 매치스 패션의 오프라인
상점이다. 들어서면 마실 것을 권하거나 무거운 가방
을 한쪽에 놓고 쇼핑을 하자는 상냥한 직원들이 맞아
준다. 400여 개의 명품 브랜드를 취급하는데 SPA 브
랜드 쇼핑을 하듯 편안한 쇼핑을 할 수 있다. 주얼리 브
랜드가 많고 착용이 가능하다. 런던에는 4개의 상점과
프라이빗 쇼핑 전용 No.23을 운영한다. 비정기적으
로 매장에서 다양한 패션 관련 행사를 열기도 한다.

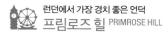

런던에서 가장 경치 좋은 언덕
프림로즈 힐 PRIMROSE HILL

주소 Primrose Hill Road, NW1 4NR 위치 초크 팜(Chalk Farm)역에서 도보 10분 홈페이지 www.royalparks.org.uk/parks/the-regents-park/things-to-see-and-do/primrose-hill

한때 철도 공사로 유명했던 지역이라 회색빛 매캐한 연기로 인식되던 프림로즈 힐. 더 오래전에는 명예를 위해 1:1 칼싸움을 하던 결투장이었다. 지금은 완전히 바뀌어 런던에서 가장 예쁜 동네로 알려져 있다. 이튼 스쿨의 소유지였는데 1841년 국가 소유가 됐다. 런던에서 시 정부가 보호하는 뷰 포인트 6개 중 하나에 속한다. 야경으로는 따라갈 지역이 없을 정도로 환상적인 경치를 자랑한다. 셰익스피어 탄생 300년을 기념해 힐 꼭대기에 심은 떡갈나무가 있으니 찾아보자. 언덕 위에 오르면 영국 대문호 윌리엄 블레이크William Blake의 시 구절이 새겨진 돌판도 볼 수 있다. 〈I have conversed with the spiritual sun. I saw him on Primrose Hill. 나는 영혼 충만한 태양과 대화를 나누었다. 나는 그를 프림로즈 힐에서 보았다.〉 좋은 경치만큼 집값도 비싸 유명 인사들이 많이 거주하며, 피크닉하기 좋은 완만한 언덕과 벤치가 많은 프림로즈 힐 주변에는 고급스럽고 분위기 좋은 카페나 개인이 운영하는 소규모 갤러리, 부티크 상점들이 있다.

프림로즈 힐 최고의 컵케이크
프림로즈 베이커리 PRIMROSE BAKERY

주소 69 Gloucester Avenue, NW1 8LD **위치** 초크 팜(Chalk Farm)역에서 도보 8분 **시간** 매일 9:00~17:00
휴무 12/25, 12/26, 1/1 **홈페이지** www.primrose-bakery.co.uk **전화** 020-7483-4222

영화배우 주드 로가 최고의 컵케이크라 평했으며 셰프 제이미 올리버 가족의 생일 파티에도 매번 오른다는
프림로즈 베이커리는 노팅힐에 있는 허밍버드와의 컵케이크 대결에서 우위를 점하는 듯하다. 실제로 두 곳
을 모두 가 본 사람들은 하나같이 프림로즈 베이커리에 손을 들어 주었다. 촉촉한 빵과 부담되지 않는 아이
싱이 완벽한 조화를 이룬다. 일요일에는 조금 일찍 문을 닫는데, 폐점하기 직전까지 컵케이크와 브라우니,
케이크를 사려는 사람들로 눈코 뜰 새 없이 바쁘다. 폴 스미스, 톱숍 등 기업 행사에서도 따로 프림로즈 베이
커리를 찾을 정도로 끝없이 번창 중이다.

이스트 런더너들의 주말 피크닉 장소
햄프스테드 히스 HAMPSTEAD HEATH

주소 Hampstead Heath, NW3 1BP **위치** 노던(Northern)선 햄프스테드(Hampstead)역, 오버그라운드
(Overground)선 햄프스테드 히스(Hampstead Heath)역 / 13번, 139번, 82번 버스가 핀칠리 로드(Finchley
Road)를 지나 이동하며 46번과 N5는 햄프스테드(Hampstead)와 벨사이즈 파크(Belsize Park)를 지남 **홈페이지**
www.cityoflondon.gov.uk/things-to-do/green-spaces/hampstead-heath

행정 구역은 런던에 속해 있지만 관광객
들에게는 흔히 런던 근교로 인식된다. 햄
프스테드 히스를 포함해 녹지대가 워낙
많기 때문인지, 존 3ZONE 3으로 넘어가
는 경계에 위치해서인지 런던 도시 중심
부와 6.4km 정도밖에 떨어져 있지 않지
만 실제보다 좀 더 멀게 느껴진다. 1860
년 열차 선로가 들어서며 이 시골 동네가
급격히 개발되기 시작했고, 그 이후로는
런더너들의 주말 피크닉 장소로 꾸준히

사랑받아 왔다. 런던 시내 중심의 기온보다 평균적으로 1, 2도가 낮고 겨울에도 눈이 훨씬 늦게 녹아 언제
나 시원한 언덕이다. 넓기도 넓고(320만m²) 하이드 파크나 리전트 파크처럼 표지판이 자주 놓여 있지 않아

길을 잃기도 십상이지만 시골 평원 같다가도 굉장한 크기의 맨션이나 운동장이 나타나고 금세 또 잘 닦인 넓은 도로로 이어져 알쏭달쏭한 매력이 넘친다. 런던에서 가장 야생적인 평원으로 《나니아 연대기》의 작가 C.S. 루이스는 햄프스테드 히스 근처에 살면서 이 책에 등장하는 판타지 숲을 구상했다고 한다. 키츠Keats 와 같은 문학가들이나 프로이트Freud 등의 지성인들이 거주했던 곳이기도 하다. 멀리 떠날 수는 없지만 도시에서 한참 떨어진 듯한 평온한 녹지를 찾는 여행객들에게 추천한다.

Tip. 명작들이 걸려 있는 멋진 저택, 켄우드 KENWOOD

햄프스테드에서 빼놓을 수 없는 명소다. 렘브란트의 수작들과 17~18세기 화가들의 작품이 많이 걸려 있는 멋진 저택으로, 미술품을 감상한 후 옆에 자리한 노천카페 브루 하우스 카페Brew House Cafe에서 차를 마시는 것을 추천한다.

주소 Hampstead Lane, NW3 7JR **위치** 아치웨이(Archway), 골더스 그린(Golders Green)역에서 하차 후 210번 버스 타고 콤프턴 애비뉴 켄우드 하우스[스톱 Q](Compton Avenue Kenwood House[Stop Q])에서 하차해 도보 4분 **시간** 10:00~17:00, 10:00~16:00(목~일; 동절기) **요금** 무료 **홈페이지** www.english-heritage.org.uk/visit/places/kenwood **전화** 0370-333-1181

Tip. 영국 시인 키츠가 살았던 집, 키츠 하우스 KEATS HOUSE

영국 최고의 낭만파 시인 키츠가 살 당시에는 웬트워스 플레이스Wentworth Place라 불렸던 거물로, 시인이 30년 가까이 기거한 곳이다. 그가 사용하던 물건들을 그대로 보존하고 재현해 전시를 꾸며 놓았다. 시 낭송 이벤트 등 행사도 자주 주최한다. 옆집 소녀와 사랑에 빠져 《나이팅게일에게 Ode to a Nightingale》라는 시를 이 집의 정원에서 완성했다고 한다. 정원은 무료로 돌아볼 수 있다.

주소 10 Keats Grove, NW3 2RR **위치** 햄프스테드(Hampstead)역에서 도보 12분 **시간** 11:00~13:00, 14:00~17:00(수~금, 일) **휴무** 월요일, 화요일 **요금** £8(성인), £4.75(학생), 16세 이하 무료 **홈페이지** www.cityoflondon.gov.uk/things-to-do/attractions-museums-entertainment/keats-house **전화** 020-7332-3868

하이드 파크
& 노팅힐

Hyde Park & Notting Hill

전원적인 옛 런던의 모습이 많이 남아 있는 알록달록 아기자기한 동네

하이드 파크와 홀랜드 파크로 온통 푸르른 북서쪽 지역은 런던에서 가장 맑은 공기를 들이마실 수 있는 곳이다. 영화 속의 노팅힐과 패딩턴 곰돌이의 패딩턴 그리고 물의 도시 베네치아의 축소판 리틀 베니스까지 모여 있다. 전원적인 옛 런던의 모습이 가장 많이 남아 있는 이 동네를 여행하는 것은 마치 동화책 속 한 페이지에 들어가 뛰노는 것 같은 느낌이다. 장난감처럼 나란히 붙은 집들이 온 거리를 메워 한없이 걷고 싶을 정도로 눈이 즐겁다.

세퍼즈 부시역
Shepherd's Bush

래티머 로드역
Latimer Road

래드브로크 그로브역
Ladbroke Grove

북스 포 쿡스
Books for Cooks

더 노팅힐 북숍
Notting Hill Bookshop

포토벨로 마켓
Portobello Market

웨스트본 파크역
Westbourne Park

리스보아 파티세리
Lisboa Patisserie

교토 가든
Kyoto Garden

홀랜드 파크
Holland Park

홀랜드 파크역
Holland Park

더 허밍버드 베이커리
The Hummingbird Bakery

일렉트릭 시네마
Electric Cinema

더 레드버리
The Ledbury

로열 오크역
Royal Oak

오렌저리 가든
Orangery Garden

에그브레이크
Eggbreak

게일스
Gail's

파머 걸
Farm Girl

오토렝기
Ottolenghi

그레인저 & 코
Granger & Co

워윅 애비뉴역
Warwick Avenue

디자인 박물관
The Design Museum

노팅힐 게이트역
Notting Hill Gate

에지웨어역
Edgware
(Bakerloo Line)

하이 스트리트 켄싱턴역
High Street Kensington

켄싱턴 궁
Kensington Palace

퀸즈웨이역
Queensway

베이즈워터역
Bayswater

패딩턴역
Paddington

패딩턴
Paddington

에지웨어역
Edgware
(Circle Line)

메릴본역
Marylebone

앨버트 기념비
Albert Memorial

서펜타인 갤러리
Serpentine Gallery

랭커스터 게이트역
Lancaster Gate

이탈리안 가든
Italian Gardens

하이드 파크
Hyde Park

마블 아치
Marble Arch

마블 아치역
Marble Arch

베이커 스트리트역
Baker Street

나이츠브리지역
Knightsbridge

하이드 파크 코너역
Hyde Park Corner

스피커스 코너
Speakers' Corner

W
N
S
E

튜브 **센트럴**Central**선** – 홀랜드 파크Holland Park역, 화이트 시티|White City역, 셰퍼즈 부시Shepherd's Bush역

센트럴, 서클, 디스트릭트 Central, Circle, District**선** – 노팅힐 게이트Notting Hill Gate역

서클, 해머스미스 앤드 시티 Circle, Hammersmith & City**선** – 래드브로크 그로브Ladbroke Grove역, 웨스트본 파크Westbourne Park역, 래티머 로드Latimer Road역

기차 **오버그라운드, 서던**Overground, Southern**선** – 셰퍼즈 부시|Shepherd's Bush역, 켄싱턴[올림피아]Kensington[Olympia]역

Best Course

대중적인 코스

포토벨로 마켓과 더 노팅힐 북숍, 더 허밍버드 베이커리 등 영화 <노팅 힐>의 명소들

○ 도보 5분

오토렝기(점심)
○ 도보 5분

게일스
○ 23번 버스 타고 8분

톰 딕슨 숍
○
52, 70번 또는 452번 버스 타고 22분

홀랜드 파크
○ 도보 7분

디자인 박물관
○ 10번 버스 타고 8분

하이드 파크

○ 도보 20분

더 레드버리
○ 도보 6분

일렉트릭 시네마(공연 관람)

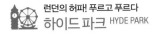

런던의 허파! 푸르고 푸르다

하이드 파크 HYDE PARK

주소 Hyde Park, W2 2UH 위치 랭커스터 게이트(Lancaster Gate)역, 마블 아치(Marble Arch)역, 하이드 파크 코너((Hyde Park Corner)역, 나이츠브리지(Knightsbridge)역, 퀸스웨이(Queensway)역 시간 5:00~24:00 휴무 연중무휴 홈페이지 www.royalparks.org.uk/parks/hyde-park 전화 0300-061-2000

런던 지도 한가운데에 자리한 녹색 지대인 하이드 파크는 런던에서 가장 번화한 도로들에 둘러싸여 있음에도 4천여 그루의 나무와 호수, 장미 정원 등이 있어 도심 한가운데에서도 자연을 가까이 할 수 있는 장소다. 엄격히 얘기하자면 켄싱턴 가든과 구분돼야 하지만 바로 붙어 있고 어느 한쪽을 찾아와도 결국에는 두 군데 모두 보고 가게 되기 때문에 일반적으로 그냥 하이드 파크라 통칭한다. 개인 사냥을 위해 녹지대를 묶어 두었던 헨리 8세 덕에 런던의 로열 파크들이 있을 수 있었는데, 1637년 찰스 1세가 이러한 구역들을 모두 대중의 입장이 가능하도록 개방해 그때부터 하이드 파크 역시 런던의 중심부에서 많은 사람의 사랑을 받아 왔다. 공원이 워낙 넓어 이 안의 다양한 공간에서 롤러브레이드나 조깅, 자전거, 보트 타기, 피크닉 등으로 런더너들의 여러 가지 즐거움을 충족해 주니 해가 좋은 날이거나 주말이면 어김없이 하이드 파크는 사람들로 가득하다. 하이드 파크에 서식하는 동식물의 종류도 다양해 공원 곳곳에 푯말로 '하이드 파크의 새', '하이드 파크의 나무' 등 공원 안에서 볼 수 있는 동식물을 소개해 두었으니 눈여겨보자. 방문객이 많아서인지 전혀 수줍어하지 않는 다람쥐들이 공원을 이리저리 가로지르며 플래시 세례를 받는 모습도 자주 볼 수 있다. 또, 다이애나 비 추도 공원Diana Memorial Playground (Broad Walk W2 2UH)과 소설《피터 팬》의 동상 등 산책하는 중간중간 걸음을 멈추게 하는 명소들이 곳곳에 있다. 겨울이 되면 윈터 원더랜드Winter Wonderland라는 이름으로 커다란 크리스마스 마켓을 연다.

켄싱턴 궁 KENSINGTON PALACE

앨리스 공주, 마거릿 공주, 앤 여왕 그리고 다이애나 황태자비가 이곳에 거주했는데, 특히 사망 전까지 켄싱턴 궁에서 살았던 다이애나 비는 1997년 사망 후 장례 행렬을 이곳에서 시작했다. 2012년 3월 말까지 큰 보수를 거쳐 더욱 예뻐진 켄싱턴 궁에는 빅토리아 여왕의 일대기 전시를 포함해 왕가의 예복과 가구들도 전시하고 있어 여러 왕의 모습들을 살펴볼 수 있다. 애초에 왕족들의 거처로 지어지지 않아 여느 궁처럼 웅장한 매력은 없지만 넓은 정원을 사방에 갖추고 있어 무척 아름답다. 켄싱턴 가든이 아직 그 모습을 갖추지 못했던 1700년대 초반에 설계되고 만들어진 호수, 빅토리아 여왕 시대 때부터 모형 보트 놀이를 하는 장소로 사용된 라운드 폰드Round Pond가 궁 바로 앞에 위치하고 있다. 궁 내부의 아린저리Orangery에서의 애프터눈 티도 추천할만하다.

주소 Kensington Gardens, W8 4PX 위치 노팅힐 게이트(Notting Hill Gate)역에서 도보 8분 시간 10:00~18:00(3~10월), 10:00~16:00(11~2월) 요금 £20(성인), £10(16세 이하) 홈페이지 www.hrp.org.uk/kensington-palace

 ## 앨버트 기념탑 ALBERT MEMORIAL

마흔두 살의 젊은 나이로 세상을 떠난 앨버트 공을 기리는 탑으로, £12만를 들여 10년간 공사를 했으며 빅토리아 시대 건축물 중 대표적인 곳으로 꼽는다. 기념탑 아래쪽에는 예술의 큰 후원자였던 앨버트 공의 열정을 기록하기 위해 187명의 화가, 시인, 조각가, 음악가들을 새겨 놓은 프리즈가 있으며 동서남북 각 꼭지에 유럽, 아시아, 아프리카와 아메리카를 대표하는 대리석상이 있다. 꼭대기 쪽에는 천사상들이 있어 멀리서도 반짝이며 빛나는 기념탑을 더욱 돋보이게 한다. 물론 탑 중앙에 있는 좌상은 앨버트 공이다.

주소 Kensington Gardens, W2 2UH 위치 사우스 켄싱턴(South Kensington)역에서 도보 15분

 ## 이탈리안 가든 ITALIAN GARDEN

켄싱턴 가든을 지나 하이드 파크로 들어가는 롱 워터Long Water 머리 부분에 있는 이탈리아 가든은 정원 가꾸는 것이 취미였던 앨버트 공이 빅토리아 여왕에게 준 선물이라 한다. 그래서 조각상들과 흰 대리석으로 된 타짜 분수Tazza Fountain 등 정원을 장식하는 여러 예술품들은 위엄 있다기보다는 낭만적인 분위기를 풍긴다. 눈썰미 좋은 영화 팬이라면 〈브리짓 존스〉에서 두 남자 주인공이 몸싸움하다 물에 빠지는 곳이 바로 하이드 파크의 이탈리안 가든이라는 것을 금방 알아챌 것이다.

주소 Hyde Park, W2 2UD 위치 랭커스터 게이트(Lancaster Gate)역에서 도보 2분

🎡 마블 아치 MARBLE ARCH

로마의 콘스탄티누스 개선문Arch of Constantine을 본 따
지은 것으로, 이름 그대로 대리석 아치인 이곳은 본래 왕족
들과 왕의 호위병, 왕실 기마대만이 지날 수 있었다. 1827
년 영국이 나폴레옹과의 전투에서 승리한 것을 기념해 만
들어졌으나 버킹엄 궁전의 정문, 경찰서 등 이런저런 용도
로 사용됐다. 현재는 하이드 파크를 찾는 사람들에게 훌륭
한 지표 역할을 해 주고 있다.

주소 W1C 1CX 위치 마블 아치(Marble Arch)역에서 도보 1분

🎡 스피커스 코너 SPEAKERS' CORNER

하이드 파크에서 답답한 사람은 아무도 없다. 주제가 무엇
이든, 일요일 정오쯤이면 바로 이 스피커스 코너에서 소리
칠 수 있다. 욕설이나 외설적인 말이 아니라면 1872년부
터 이 위치에서 무엇이든 얘기할 수 있다니 과연 선진국다
운 명소다. 레닌, 조지 오웰, 마르크스도 모두 이곳에 서서
하고 싶은 말을 했다고 한다.

주소 Hyde Park, W2 2EU 위치 마블 아치(Marble Arch)역
에서 도보 11분

🎡 서펜타인 갤러리 SERPENTINE GALLERY

조지 2세의 부인 캐롤라인 왕비는 1730년 웨스
트본강Westbourne River을 끌어다 서펜타인
과 하이드 파크의 일부를 뚝 떼어 켄싱턴 가든
을 만들었다. 하이드 파크와 켄싱턴 가든을 가
로질러 이 둘을 구분시키는 역할을 하는 서펜타
인은 뱀처럼 길고 얄팍한 모습을 하고 있어 그
이름을 갖게 됐고, 여름에는 리도(lido: 야외 풀
장)와 보트 선착장 덕분에 공원보다 더 인기가
좋다. 서펜타인의 허리춤, 켄싱턴 가든 안에 위
치한 서펜타인 갤러리는 현대 예술품을 전시하는 무료 갤러리로, 자연 속을 헤매던 사람들이 편히 찾기 쉬
운 위치에 있다. 고 다이애나 비가 생전에 서펜타인 갤러리를 후원했다고 한다.

주소 Kensington Gardens, W2 3XA 위치 랭커스터 게이트(Lancaster Gate)역에서 도보 11분 시간
10:00~18:00(화~일) 홈페이지 www.serpentinegalleries.org 전화 020-7402-6075

 축제 기간에 찾으면 더욱 흥겨운 시장
포토벨로 마켓 PORTOBELLO MARKET

주소 192A Portobello Road, W11 1LA **위치** 노팅힐 게이트(Notting Hill Gate)역에서 도보 10분 **시간** 9:00~17:00(하절기), 10:00~16:00(동절기) **홈페이지** visitportobello.com

노팅힐을 대표하는 거리 포토벨로 로드 하나만 보고 가도 반나절이 훌쩍 넘을 수 있을 정도로 이 긴 대로에 다닥다닥 붙어 있는 상점과 음식점, 거리 곳곳에 임시로 자리한 가판도 모두 놓칠 수 없이 개성이 넘치고 독특하다. 요일별로 바뀌어 서는 시장들도, 포토벨로 로드를 대표하는 허밍버드 베이커리와 같이 언제나 그 자리를 지키고 선 유명 상점도 우열을 가릴 수 없을 정도로 모두 훌륭하다. 이곳은 1860년대부터 열리기 시작한 시장으로, 일찍이 상권이 발달했다. 런던에서 기념품을 사기에 가장 좋은 동네지만 거리의 이쪽 끝과 저쪽 끝에서 파는 기념품의 가격이 다르니 발품을 열심히 팔아 꼼꼼히 따져 보고 구입하는 것이 좋다. 양옆으로 뻗어 나갈 수 있는 노팅힐의 많은 거리가 있어 포토벨로 로드만 살펴보고 그냥 갈 수 있는 사람은 아무도 없다.

Tip. 노팅힐 카니발 NOTTING HILL CARNIVAL

1966년 처음 시작된 노팅힐 카니발은 해를 거듭하며 점점 그 규모를 키워 이제는 런던의 신나는 연중 카니발 중 하나로 당당히 자리 잡았다. 원래는 8월 은행 공휴일인 일요일~월요일에 걸쳐 열리지만 앞으로는 날짜를 좀 더 연장할 계획도 고려 중이라고 하니 앞으로 좀 더 많은 런더너들이 참여하는 행사가 될 것 같다. 노팅힐의 여러 거리를 차량 통제시켜, 사람들은 모두 거리로 나와 춤을 추고, 즉석에서 요리해 판매하는 캐리비언 음식들을 먹고 퍼레이드를 즐긴다. 런던 여름의 최대 축제다.

전설적인 컵케이크
더 허밍버드 베이커리 THE BUMMINGBIRD BAKERY

주소 133 Portobello Road, W11 2DY **위치** 래드브로크 그로브(Ladbroke Grove)역
에서 도보 9분 **시간** 매일 10:00~17:00 **홈페이지** hummingbirdbakery.com

현재는 런던에 3개 지점이 있으나 2004년 가장 먼저 문을 연 1호점은 노팅힐에 있다. 이곳의 컵케이크를 먹으러 노팅힐을 찾아오는 사람들도 있을 정도로 맛있는 미국식 컵케이크를 굽는 빵집이다. 추천하는 메뉴는 레드 벨벳이다. 아낌없이 올려 주는 아이싱은 혀가 녹을 정도로 달콤하다. 버터크림 아이싱의 다른 컵케이크들도 모두 먹고 싶은 비주얼을 뽐낸다. 크리스마스, 할로윈 등 특정 시즌에 맞춘 디자인도 종종 선보이며 홀케이크로도 판매한다. 홈페이지에서 안내하는 특정 지역으로는 배달 서비스도 진행한다.

 휴 그랜트가 반겨 줄 것만 같은 서점
더 노팅힐 북숍 THE NOTTING HILL BOOKSHOP

주소 13 Blenheim Crescent, W11 2EE **위치** 래드브로크 그로브(Ladbroke Grove)역에서 도보 6분 **시간** 매일
9:00~19:00 **홈페이지** www.thenottinghillbookshop.co.uk **전화** 020-7229-5260

원래는 영화 〈노팅 힐〉에 나오는 상호명 그대로 트래블 북숍Travel Bookshop이었는데, 폐업 위기를 겪으며 이름을 바꾸고 다시 많은 손님을 끌어모으고 있다. 이름은 바뀌었지만 영화 속 모습처럼 여전히 파란 외관을 유지하고 있어 찾기가 쉽다. 여행에 국한되지 않고 최대한 다양한 장르의 책을 소개하는 것을 목적으로 하며 세분화된 카테고리는 홈페이지에서 미리 찾아볼 수 있다. 아동서적과 교육용 장난감, 에코 백, 자석, 컵 등 기념품으로 구입할 만한 아이템들도 판매하고 있다.

Tip. 북스 포 쿡스 Books for Cooks

더 노팅힐 북숍 바로 맞은편에 빨간 외관의 서점에도 들어가 보자. 요리에 관한 모든 책이 모여 있다. 서점 안의 작은 카페도 매력적이다.

주소 4 Blenheim Crescent, W11 1NN **시간** 10:00~18:00(화~토) **휴무** 12월 24일~1월 3일 **홈페이지** www.booksforcooks.com **전화** 020-7221-1992

빨간 줄무늬 차양의 베이커리 체인점
게일스 GAIL'S

주소 138 Portobello Road, W11 2DZ **위치** 래드브로크 그로브(Ladbroke Grove)역에서 도보 8분 **시간** 7:00~19:00(월~금), 8:00~20:00(토요일, 일요일, 공휴일) **홈페이지** gailsbread.co.uk **전화** 020-7792-8715

이스라엘 출신의 제빵사가 차린, 런던에 수 많은 지점을 가지고 있는 빨간 차양의 밝고 활기찬 빵집이다. 오랜 트레이닝과 경력으로 개발한 고유 레시피로 만든 빵을 굽는다. 계절별로 가장 신선한 재료들만을 사용해 항상 내놓는 메뉴가 다르다. 매일 30개 종의 빵을 판매하고 8종류의 다른 사워 도우 빵을 기본으로 한다. 올리브, 프렌치 다크, 캐러멜 갈릭 사워 도우가 가장 인기가 많다. '아무거나 먹을 수 없다'며 자부하는 탄수화물 중독자들이 반길 만하다. 노팅힐 지점에서는 갤러리에서 미술품을 가져와 매장 내 전시를 한다.

수많은 상장이 말해 주는 품격
더 레드버리 THE LEDBURY

주소 127 Ledbury Road, W11 2AQ **위치** 웨스트본 파크(Westbourne Park)역에서 도보 8분 **시간** 18:30~21:45(수~토) **가격** £185(테이스팅 메뉴 8코스), £120(와인 페어링) **홈페이지** www.theledbury.com **전화** 020-7792-9090

혁신적이고 새로운 메뉴가 특징인 브렛 그레이엄 셰프의 노팅힐 레스토랑이다. 런던의 젊은 셰프상을 수상하고 24세에 더 레드버리를 열었다. 미슐랭 별 두 개를 달고 있으며 세계 최고의 레스토랑 14위(영국 레스토랑 중 1위)에 선정되기도 했고, 영국 최고의 레스토랑으로는 거의 해마다 뽑힌다. 요리를 처음 입에 넣는 순간 그 전 코스가 무엇이었는지 기억나지 않을 정도로 식객들을 매료시킨다는 평이 자자하다. 계절 특성을 반영해 메뉴가 주기적으로 바뀐다. 신선한 관자와 굴, 농어 등 해산물 메뉴가 다양하고 와인 리스트도 훌륭하다. 테이스팅 메뉴에는 각 코스별로 함께하면 좋을 와인을 페어링해 놓았다.

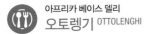

아프리카 베이스 델리
오토렝기 OTTOLENGHI

주소 63 Ledbury Road, W11 2AD **위치** 노팅힐 게이트(Notting Hill Gate)역에서 도보 10분 **시간** 8:00~19:00(월~토), 8:00~18:00(일) **홈페이지** www.ottolenghi.co.uk **전화** 020-7727-1121

북아프리카와 중동에서 영감을 받은 요리를 판매하는 델리 겸 카페다. 타히니 소스를 곁들인 잣을 반죽에 넣은 미트볼, 가지구이와 요거트 소스, 피스타치오 케이크 등 오토렝기만의 요리들이 미각을 자극한다. 이름을 걸고 오토렝기를 운영하는 요탐 오토렝기Yotam Ottolenghi는 이를 엮어 레시피 책도 출간했다. 간단히 점심으로 먹기 좋은 건강한 샐러드부터 달콤하고 큼직한 케이크까지 모두 훌륭하다. 런던에는 일곱 개의 지점이 있으며 스피탈필즈(50 Artillery Lane, E1 7LJ)와 이즐링턴(287 Upper Street, N1 2TZ) 지점은 레스토랑도 겸한다.

농장 속 카페 같은 전원적인 분위기
팜 걸 FARM GIRL

주소 59A Portobello Road, W11 3DB **위치** 노팅힐 게이트(Notting Hill Gate)역에서 도보 7분 **시간** 8:30~17:00(월~금), 9:00~18:00(토~일) **홈페이지** www.thefarmgirl.co.uk **전화** 020-7229-4678

내부 인테리어 장식만큼 알록달록한 색으로 유혹하는 건강한 샐러드를 추천한다. 카페 한편에 쌓아 놓은 과일로 만든 스무디도 맛있다. 재료의 신선도를 철저히 체크해 건강을 중시하는 런더너들이 믿고 찾는다고 한다. 디저트보다는 양이 푸짐한 식사 메뉴가 맛있다. 건강한 만큼 간이 심심하다는 점도 참고하자. 팜 걸의 작은 정원은 포토벨로 마켓이 서는 시간에는 인파를 피해 있기 최적의 장소다.

잘 구운 고기가 먹고 싶다면 여기
그레인저 & 코 GRANGER & CO.

주소 175 Westbourne Grove, W11 2SB **위치** 노팅힐 게이트(Notting Hill Gate)역에서 도보 10분 **시간** 7:00~22:30(월~토), 8:00~22:00(일) **홈페이지** grangerandco.com **전화** 020-7229-9111

예약제가 아니기 때문에 사람들이 많은 날에는 무작정 기다려야 하는 수고가 있지만 목 좋은 노팅힐 한 자락에 위치한 그레인저 & 코의 끝내주는 로스트 맛을 아는 사람들은 한 시간씩 기다려서 자리를 잡고 앉는다. 외관으로만 보면 팬케이크나 와플만 내올 것 같은 파스텔 톤의 채도 낮은 블루가 차분해 보이지만, 일요일 아침에 그레인저 & 코의 문을 열고 들어서면 가장 먼저 반겨 주는 것이 바로 고소한 로스트 냄새다. 고추를 썰어 넣어 매콤하게 구워 낸 돼지고기 립이 일등 메뉴라고 하며, 자몽 조각을 올려 내놓는 치킨구이 역시 인기다.

달걀로 할 수 있는 모든 요리를 하는 곳
에그브레이크 EGGBREAK

주소 30 Uxbridge Street, W8 7TA **위치** 노팅힐 게이트 (Notting Hill Gate)역에서 도보 2분 **시간** 8:00~15:00 **홈페이지** www.eggbreak.com **전화** 020-3535-8300

초리조 소시지와 토마토를 얹은 스크램블드에그, 달걀프라이를 끼운 바삭한 치킨 버거 등 단순히 익히는 것이 아니라 달걀을 사용할 수 있는 창의적인 메뉴가 가득하니 브런치 식당으로 인기가 많을 수밖에 없다. 63℃의 따뜻한 물에 천천히 익힌 63 디그리스63 degrees라는 메뉴도 흥미롭다. 기본인 에그 토스트와 에그 베네딕트는 물론이고 달콤한 디저트 메뉴도 추천하며 해시브라운, 밀크세이크 등 브런치에 빠질 수 없는 사이드 메뉴와 음료도 갖추고 있다.

빈티지한 분위기가 매력적인 곳
일렉트릭 시네마 ELECTRIC CINEMA

주소 191 Portobello Road, W11 2ED 위치 래드브로크 그로브(Ladbroke Grove)역에서 도보 7분 홈페이지 www.electriccinema.co.uk/portobello 전화 020-7908-9696

1911년 문을 연 일렉트릭 시네마는 오페라 극장 같은 빨간 벨벳 커튼이 인상적인 극장으로 가족 좌석과 아동용 프로그램, 3D 영화 스크린까지 부족함이 없다. 개별 사이드 테이블이 딸린 65개의 가죽 암체어 자리는 여느 영화관과는 완전히 다른 관람 경험의 시발점이다. 2인용 소파 좌석과 더블 베드 좌석도 있으며 개별 캐시미어 담요를 덮고 영화를 보는 것도 가능하다. 인테리어보다도 영화 프로그램이 훌륭하다. 수십 년 전 고전 영화와 최신작을 섞어 상영해 아트 필름과 인디 필름도 자주 상영한다. 쇼디치에도 지점이 있다.

소담하고 평온한 공원
홀랜드 파크 HOLLAND PARK

주소 Ilchester Place, W8 6LU 위치 홀랜드 파크(Holland Park)역에서 도보 4분 시간 7:30~일몰 30분 전까지 홈페이지 www.rbkc.gov.uk/leisure-and-culture/parks/holland-park

교외까지 나가기는 싫지만 런던을 잠시 벗어나고 싶은 사람들을 위한 곳으로, 런던에서 가장 우아한 공원이다. 그리 크지 않아도 홀랜드 파크 안에 따로 꾸며진 정원들과 산책로, 정자, 호수 등 있을 건 다 있다. 테니스, 축구, 골프 연습장도 있으며 심지어는 공원 내에 유스 호스텔도 있다. 여름이면 야외 오페라 공연이 열리기도 하고, 부잣집 유모들이 오후가 되면 유모차를 끌고 많이 나오기도 한다.

런던 다른 공원들에 비해 홀랜드 파크에 특히 자주 보이는, 마음껏 공원을 활보하는 공작새로도 유명하다. 본래 19세기 홀랜드 백작Earl of Holland의 사유지로, 그 당시의 연회장은 지금 벨베데레Belvedere 레스토랑이 됐다.

Tip.

화려한 공작새를 만날 수 있는 곳, 아린저리 가든 ORANGERT GARDEN
작은 연못과 분수, 미술 갤러리가 위치한 홀랜드 파크의 아린저리는 공작새도 산책을 하고 싶을 정도로 아름답다.

대나무와 수석들로 가득한 고요한 정원, 교토 가든 KYOTO GARDEN
교토 상공회의소Kyoto Chamber of Commerce에서 1991년 조성하고 찰스 왕세자에게 헌정한 이 교토 가든은 영국과 일본 간의 우정을 상징한다. 가부좌를 틀고 정원 한쪽에서 명상을 하는 사람들도 있을 정도로 고요하고 평온한 분위기가 특징이며, 일본식 정원답게 대나무와 수석이 눈에 많이 띈다.

포르투갈 에그타르트의 맛 그대로를 판다
리스보아 퍼티서리 LISBOA PATISSERIE

주소 57 Golborne Road, W10 5NR **위치** 웨스트본 파크(Westbourne Park)역에서 도보 8분 **시간** 7:00~17:30(화~일) **전화** 020-8968-5242

다양한 포르투갈 베이커리를 판매한다. 90년대부터 그 모습 그대로 꾸준히 성업 중이며 오토렝기 등 런던 유명 베이커리, 카페에서 런던 최고의 포르투갈 베이커리로 입이 마르게 칭찬하는 곳이다. 포르투갈 레시피를 정확하게 지켜 만드는 빵들 중 가장 유명한 것은 에그타르트(파스텔 드 나타). 저녁까지 열지만 대표 메뉴인 에그타르트는 오후 2시쯤이면 전부 팔리고 없으니 일찍 가자. 포르투갈식의 에스프레소인 비카bica도 무척 맛있으니 타르트와 함께 시켜 보자.

런던에서 가장 경치 좋은 박물관
디자인 박물관 THE DESIGN MUSEUM

주소 224-238 Kensington High Street, W8 6AG **위치** 얼스 코트(Earl's Court)역에서 도보 13분 **시간** 10:00~18:00(일~목), 10:00~21:00(금~토) **휴관** 12월 24~26일 **요금** 무료, 특별전 유료 **홈페이지** designmuseum.org **전화** 020-3862-5900

흰 건물이 템스강으로 들어오는 모든 햇살을 반사하듯 빛나기에 제대로 쳐다보기도 눈부신 디자인 박물관은 모던 상업, 패션 디자인과 그래픽, 건축, 멀티미디어를 아우르는 수많은 작품의 보고다. 빅토리아 & 앨버트 박물관이나 대영 박물관에 비할 규모는 아니지만 두 개의 메인 갤러리에 다양한 테마의 전시 퀄리티가 뛰어나다. 위층에 있는 블루프린트 카페에서 내려다보는 전망이 아름답고, 간단하지만 매일 바뀌는 계절 재료를 사용한 메뉴로 박물관의 전시와 따로 떼어 평가하더라도 추천하고 싶은 곳이다. 전시가 마음에 들었다면 박물관 숍에 들러 여러 작가들의 작품과 관련한 기념품도 구경하자.

켄싱턴

Kensington

런던을 대표하는 박물관들이 모여 있는 동네

유럽 여러 국가의 대사관과 문화 예술을 원하는 방문자들을 맞이하는 대표적인 박물관들이 자리한 켄싱턴은 귀족 부인 같은 우아함이 곳곳에서 묻어난다. 옥스퍼드 스트리트의 뒤를 이어 런던에서 두 번째로 번화한 쇼핑 거리 켄싱턴 하이 스트리트Kensington High Street를 주 대로로 하여 식도락과 쇼핑도 즐길 수 있는 활기찬 동네다.

카페 필리스
Café Phillies

얼스 코트역
Earl's Court

오버 언더
Over Under

하이 스트리트 켄싱턴역
High Street Kensington

글로스터 로드역
Gloucester Road

오 메르베이외 드 프레드
Aux Merveilleux de Fred

더 앰퍼샌드 호텔
The Ampersand Hotel

메트르 슈
Maître Choux

무리엘스 키친
Muriel's Kitchen

사우스 켄싱턴역
South Kensington

자연사 박물관
Natural History Museum

과학 박물관
Science Museum

페르난데스 & 웰스
Fernandez & Wells

빅토리아 & 앨버트 박물관
V & A(Victoria and Albert) Museum

로열 앨버트 홀
Royal Albert Hall

앨버트 기념비
Albert Memorial

서펜타인 갤러리
Serpentine Gallery

해로즈
Harrods

튜브 **센트럴, 서클, 디스트릭트**Central, Circle, District**선** – 노팅힐 게이트Notting Hill Gate역
센트럴Central**선** – 홀랜드 파크Holland Park역, 셰퍼즈 부시Shepherd's Bush역
디스트릭트, 피커딜리 District, Piccadilly**선** – 얼스 코트Earl's Court역
서클, 디스트릭트, 피커딜리 Circle, District, Piccadilly**선** – 사우스 켄싱턴South Kensington역, 글로스터 로드Gloucester Road역
피커딜리Piccadilly**선** – 나이츠브리지Knightsbridge역
디스트릭트District**선** – 웨스트 켄싱턴West Kensington역

기차 **오버그라운드, 서던**Overground, Southern**선** – 셰퍼즈 부시Shepherd's Bush역, 켄싱턴[올림피아]Kensington[Olympia]역, 웨스트 브롬프턴West Brompton역

Best Course

박물관과 카페를 오가는 여유 넘치는 코스

카페 필리스(브런치)
○
49번 버스 타고 20분
빅토리아 & 앨버트 박물관

○
도보 3분
자연사 박물관
○
도보 3분
과학 박물관
○
도보 14분

해로즈

○
피커딜리선 6분
사우스 켄싱턴역(관광) & 메트르 슈
○
디스트릭트 또는 피커딜리선 5분
오버 언더
○
디스트릭트 또는 피커딜리선 6분
뮤리엘스 키친(저녁)
○
70번 버스 타고 12분
로열 앨버트 홀(공연 관람)

영국 최고의 클래식 음악 축제를 주최하는 곳
로열 앨버트 홀 ROYAL ALBERT HALL

주소 Kensington Gore, SW7 2AP **위치** 하이 스트리트 켄싱턴(High Street Kensington)역에서 도보 16분 **투어 시간** 9:30~16:30(4~10월), 10:00~16:00(11~3월) *투어 상세 정보는 홈페이지 참조 **홈페이지** www.royalalberthall.com **전화** 020-7589-8212

빅토리아 여왕의 금슬 좋은 남편 앨버트 공을 기리기 위해 1871년 지어진 로열 앨버트 홀에서는 클래식 음악 공연들이 주로 열린다. 총 8천 명을 수용할 수 있는 로열 앨버트 홀의 연간 행사로는 BBC 프롬스BBC Proms가 있는데, 공식 명칭은 'Sir Henry Wood Promenade Concerts (헨리 우드 산책 음악회)'다. 1895년부터 해마다 런던의 여름을 아름다운 선율로 가득 채우고, 8주 동안 70여 회의 콘서트가 열리는 세계 최대 클래식 축제다. 홀 안에는 세 개의 레스토랑과 높은 천장의 바도 있어 공연 전후로 시간을 보내기에도 좋다. 클래식 콘서트가 주로 열리지만 1991년에는 스모 토너먼트를 주최하거나 미스 월드 대회를 여는 등 독특한 볼거리도 종종 있었다.

세계 최대 장식 미술과 디자인 박물관
빅토리아 & 앨버트 박물관 V & A(VICTORIA & ALBERT) MUSEUM

주소 Cromwell Road, SW7 2RL **위치** 사우스 켄싱턴(South Kensington)역에서 도보 4분 **시간** 10:00~17:45(토~목), 10:00~22:00(금) **휴관** 12월 24~26일 **요금** 무료 **홈페이지** www.vam.ac.uk **전화** 020-7942-2000

1852년 개관한, 빅토리아 여왕과 부군 앨버트 공의 이름을 딴 세계 최대 장식 미술과 디자인 박물관이다. 고대부터 현대까지 대륙별, 문화권별 그리고 주요 나라별로 450만 개 이상의 전시품들이 150여 개의 전시장에 나뉘어 전시돼 있다. 회화와 도자기, 유리 공예품, 가구, 조각이나 장신구 등 또한 전시돼 있다. 빅토리아 시대 장식 주의를 가장 잘 살펴볼 수 있는 박물관이며, 아시아관에는 '삼성관'이라는 이름을 단 한국관도 있다. 다양한 테마의 특별전도 주목할 만하다. 빅토리아 & 앨버트 박물관 내 정원 연못은 한가롭고 평온한 오후를 보내기에도 완벽하다.

세계 최대 자연사 전시품을 보유한 살아 있는 박물관
자연사박물관 NATURAL HISTORY MUSEUM

주소 Cromwell Road, SW7 5BD **위치** 사우스 켄싱턴(South Kensington)역에서 도보 4분 **시간** 10:00~17:50 **휴관** 12월 24~26일 **요금** 무료(홈페이지에서 예매는 해야 한다.) **홈페이지** www.nhm.ac.uk **전화** 020-7942-5000

7천만 종에 이르는 생물 표본, 화석, 광석 등을 소장한 런던 자연사 박물관은 1881년 대영 박물관에서 분리돼 세계 최대의 방대한 자연사 전시품을 자랑한다. 네 가지 색(빨간색, 파란색, 녹색, 오렌지색)의 구역으로 구분돼 있고, 멸종된 도도새나 공룡들의 화석과 전 세계 조류의 95%를 볼 수 있다는 조류 표본, 식물, 곤충 표본을 전시하는 다윈 센터Darwin Center 등이 대표적인 볼거리다. 박물관 곳곳에서는 직원들이 화석이나 표본을 들고 다니며 만져 볼 수 있도록 했다. 현실적인 공룡 모형들이 아이들에게 특히 인기가 많고 아이들을 위한 워크숍과 행사가 자주 열린다.

호기심 많은 사람들을 위한 신나는 박물관
과학박물관 SCIENCE MUSEUM

주소 Exhibition Road, SW7 2DD **위치** 사우스 켄싱턴(South Kensington)역에서 도보 5분 **시간** 10:00~18:00 **휴관** 12월 24~26일 **요금** 무료(홈페이지에서 예매는 해야 한다.) **홈페이지** www.sciencemuseum.org.uk **전화** 330-058-0058

1851년에 열린 제1회 만국 박람회의 과학기술 관계 전시를 기반으로 하여 1857년 개관했고, 1960년대에 지금의 위치로 옮겼다. 영국의 과학 기술 발달사를 알 수 있는 기구, 기계류들과 산업 혁명 자료 등 약 30만 점의 전시물을 볼 수 있다. 농업, 천문학, 화학, 생명 과학 등 열 개의 주제로 나뉘어 전시하고 있으며 아이맥스IMAX 영화관에서 영화도 보고, 다채롭고 재미난 실험들도 간단히 해 볼 수 있어 런던에 위치한 모든 박물관 중 가장 즐겁고 신나는 시간을 보낼 수 있는 곳이라 할 수 있다.

영국 최고의 백화점
해로즈 HARRODS

주소 87-135 Brompton Road, SW1X 7XL **위치** 나이츠브리지(Knightsbridge)역에서 도보 4분 **시간** 10:00~21:00(월~토), 11:30~18:00(일) **홈페이지** www.harrods.com **전화** 020-7730-1234

런던에서 가장 유명한 백화점으로, 150년이 넘는 긴 시간 동안 최고급 상품들만을 입점시켜 왔다. '모든 곳의 모든 사람을 위한 모든 것'이라는 모토를 가지고 있어 왕실부터 동네 사람들까지 모두 찾는 곳이다. 쇼핑을 경험한다는 말이 정말 잘 어울린다. 여유 있게 상점들을 배치해 갤러리를 관람하는 기분으로 훌륭하게 큐레이팅된 음악을 들으며 아이쇼핑을 즐길 수 있다. 20여 개의 레스토랑이 들어선 식품 코너Food Court는 너무 넓어 이곳을 보고 나면 포트넘 & 메이슨이 동네 구멍가게같아 보인다는 사람들도 있다. 토요일에는 세금 환급을 하려는 관광객들이 전부 몰려드는 날이니 다른 요일 중 들러 구경할 것을 추천한다. 밤이 되어 조명이 켜지면 무척 예쁘다.

깊고 진한 커피 맛
오버 언더 OVER UNDER

주소 181A Earls Court Road, SW5 9RB **위치** 얼스 코트(Earl's Court)역에서 도보 1분 **시간** 7:00~15:30(월~목), 7:00~16:00(금), 8:00~16:00(토), 8:00~15:30(일) **가격** £3.3(플랫화이트), £9.9(프렌치 토스트) **홈페이지** www.overundercoffee.com

세계를 여행하며 최고의 카페들을 방문하고 영감을 얻어 차린 카페다. 특히 고향인 뉴질랜드와 오랫동안 살았던 더블린과 뉴욕의 카페 문화를 참고해 다양성을 중시하고 새로운 메뉴에 열려 있으며 손님들에게는 친근하면서도 전문적인 카페를 지향한다. 브릭스턴의 어셈블리 커피Assembly Coffee 로스터리 콩을 사용하며 푸드 메뉴는 오토렝기에서 경력을 쌓은 전문 셰프를 기용해 맛 좋은 샐러드와 샌드위치, 아침 메뉴 등을 선보인다. 식재료도 런던 근교의 농장과 직거래해 공수한다. 최신 커피 트렌드도 놓치지 않고 있어 질소 콜드 브루도 주문할 수 있다.

달콤한 슈크림 과자
메트르 슈 MAITRE CHOUX

주소 15 Harrington Road, SW7 3ES **위치** 사우스 켄싱턴 (South Kensington)역에서 도보 2분 **시간** 9:00~18:00(월~금), 10:00~18:00(토~일) **가격** £3.5(슈), £5.8(에클레어) **홈페이지** maitrechoux.com **전화** 020-3583-4561

에클레어와 슈크림이 형형색색의 옷을 입고 한치의 오차도 없이 줄을 맞추어 디스플레이된 유리 진열대 앞에 서면 한참을 고민하게 된다. 포슬포슬한 페이스트리와 그 속을 가득 채운 달콤한 커스터드와 크림 필링은 입에 넣는 순간 녹아 내려 순식간에 하나를 먹어 치우게 되니 여러 개를 종류별로 골라 보자. 피스타치오, 라즈베리, 캐러멜과 초콜렛 등 상큼하고 달콤한 맛의 스펙트럼을 모두 보여 준다.

작지만 시크한 매력이 중독적인 카페
페르난데스 & 웰스 FERNANDEZ & WELLS

주소 8 Exhibition Road, SW7 2HF **위치** 사우스 켄싱턴(South Kensington)역에서 도보 1분 **시간** 8:00~21:00(월~금), 8:00~21:00(토), 9:00~18:00(일) **홈페이지** www.fernandezandwells.com **전화** 020-7589-7473

언뜻 보면 카페인지 모를, 갤러리 같은 시크한 외관의 페르난데스 & 웰스에서는 갓 구운 크루아상에 신선한 재료를 넣은 여러 종류의 샌드위치와 한 그릇으로도 충분한 걸쭉한 수프와 스튜 등을 판매한다. 겨울에는 소호의 다른 음식점에서는 쉽게 찾을 수 없는 스위스 메뉴인 라클레트가 가장 인기 있고, 어떤 메뉴와도 잘 어울릴 무난한 유럽 와인 몇 종도 준비돼 있으며 종종《이코노미스트》와 같은 저명한 매거진의 저자들이 강연을 하거나 소규모 음악회를 열기도 한다. 군더더기 없는 인테리어로 젊은 층에게 유독 인기가 많으며, 비크 스트리트 지점을 포함해 소호에만 자리한 세 군데의 페르난데스 & 웰스 지점 모두 종일 바쁘다. 매장마다 영업시간이 조금씩 다르며 홈페이지에서 확인할 수 있다.

유기농 영국식 요리를 선보이는 가정식 식당

뮤리엘스 키친 MURIEL'S KITCHEN

주소 1-3 Pelham Street, SW7 2ND 위치 사우스 켄싱턴(South Kensington)역에서 도보 1분 시간 매일
9:00~15:00 홈페이지 www.murielskitchen.co.uk 전화 020-7589-3511

오너 할머니의 레시피를 사용한 가정식 식당으로, 상호명도 할머니 이름을 따온 것이며 간판의 글씨체 역시 할머니가 직접 서명한 것을 사용한 것이다. 건강한 유기농 영국식 요리를 배불리 먹을 수 있으며 브런치로 먹기 특히 좋은 건강하고 든든한 요리도 많다. 도톰하고 보들보들한 팬케이크와 신선한 과일, 방금 짠 주스와 홈메이드 케이크 모두 맛있다. 매일 오후 3~6시에는 1인당 £16.75로(최소 2인) 애프터눈 티 세트를 주문할 수 있다. 클로티드 크림을 곁들이는 미니 스콘과 에클레어, 치킨 아보카도 토스트와 훈제 연어 크림 토스트 등 가격 대비 메뉴 구성이 훌륭하다. 웨스트 엔드와 소호에도 지점이 있다.

프랑스에서 건너온 눈과 입이 즐거운 디저트

오 메르베이외 드 프레드 AUX MERVEILLEUX DE FRED

주소 88 Old Brompton Road, SW7 3LQ 위치 사우스 켄싱턴(South Kensington)역에서 도보 4분 시간 매일
8:00~18:30 홈페이지 www.auxmerveilleux.com 전화 020-7584-4249

14세에 페이스트리 셰프 견습생이 되어 평생을 제과 제빵에 헌신한 프레드릭 보캄프 Frederic Vaucamps의 작품들을 선보이는 상점으로 베이커리라고 하기보다 갤러리라고 해야 할 정도로 먹기 아까운 예쁜 모습의 빵과 케이크들이 진열대에 줄을 맞추어 놓여 있다. 핫케이크와 입에 넣으면 녹는 브리오슈도 케이크만큼이나 잘 팔린다. 거의 잊혀진 전통 페이스트리들을 꾸준히 만드는 것을 중시해 유럽 각국의 전통 빵들을 볼 수 있다. 가게가 작아 먹고 가기는 조금 어렵지만 커피와 함께 주문해서 금방 먹고 나갈 정도의 의자는 몇 개 준비돼 있다. 패키지도 무척 예쁘니 포장해도 좋을 것이다.

 에너지 넘치는 맛집
카페 필리스 CAFÉ PHILLIES

주소 2A Phillimore Gardens, W8 7QB **위치** 하이 스트리트 켄싱턴(High Street Kensington)역에서 도보 6분
시간 7:00~19:00 **홈페이지** cafephillies.co.uk **전화** 020-7938-1890

홀랜드 파크의 야외 극장에서 켄싱턴 하이 스트리트로 빠지는 가장 가까운 필리모어 가든스 길 위에 위치한 카페 필리스는 정신 없는 대로에서 살짝 빠져 나와 쉬어 가기 좋은 곳이다. 아침 식사부터 저녁 와인 안주까지 다양한 모던 유러피언 음식을 선보인다. 신선한 스무디와 잘 우려낸 차, 엄선한 커피 블렌드와 넉넉하게 담아 주는 샐러드와 그릴 요리 등 식사로도, 간단한 스낵으로 먹기 좋은 메뉴가 다양하게 준비돼 있다. 통유리로 되어 있어 안 그래도 환한 실내는 큼직한 샹들리에 덕분에 훨씬 더 밝아, 갈 때마다 기분이 좋아진다. 일관성 없이 따로 모은 가구가 톡톡 튀는 카페의 분위기를 반영한다.

웨스트민스터 & 빅토리아

WESTMINSTER & VICTORIA

우아함과 고급스러움으로 정평이 난 동네
하이드 파크와 홀랜드 파크로 온통 푸르른 북서쪽 지역은 런던에서 가장 맑은 공기를 들이마실
수 있는 곳이다. 영화 속의 노팅힐과 패딩턴 곰돌이의 패딩턴 그리고 물의 도시 베네치아의 축
소판 리틀 베니스까지 모여 있다. 전원적인 옛 런던의 모습이 가장 많이 남아 있는 이 동네를 여
행하는 것은 마치 동화책 속 한 페이지에 들어가 뛰노는 것 같은 느낌이다. 장난감처럼 나란히
붙은 집들이 온 거리를 메워 한없이 걷고 싶을 정도로 눈이 즐겁다.

마이 올드 더치
My Old Dutch

첼시 피직 가든
Chelsea Physic Garden

존 샌도 북스
John Sandoe Books

킹스 로드
King's Road

사치 갤러리
Saatchi Gallery

슬론 스퀘어
Sloane Square

슬론 스퀘어역
Sloane Square

페기 포르셴 케이크
Peggy Porchen Cakes

나이츠브리지역
Knightsbridge

하이드 파크 코너
Hyde Park Corner

로열 뮤즈
Royal Mews

빅토리아 역
Victoria Station

빅토리아 역
Victoria Station

아폴로 빅토리아 극장
Apollo Victoria Theatre

아티스트 레지던스
Artist Residence

핌리코역
Pimlico

테이트 브리튼
Tate Britain

복스홀역
Vauxhall

호텔 41
Hotel 41

버킹엄 궁
Buckingham Palace

퀸스 갤러리
The Queen's Gallery

세인트 제임스 파크역
St. James's Park

세인트 제임스 파크
St. James's Park

그린 파크
Green Park

인 더 파크
Inn the Park

세인트 제임스 파크
St. James's Park

웨스트민스터 사원
Wastminster Abbey

세인트 마거릿 성당
St Margaret's Church

웨스트민스터 궁
Palace of Westminster

주얼 타워
Jewel Tower

해시계
Sundial

빅 벤
Big Ben

웨스트민스터역
Westminster

튜브 서클, 디스트릭트Central, Circle, District선 – 슬론 스퀘어Sloane Squarew역
빅토리아Victoria선 – 핌리코Pimlico역
서클, 디스트릭트, 빅토리아Circle, District, Victoria선 – 빅토리아Victoria역
서클, 디스트릭트, 주빌리Circle, District, Jubilee선 – 웨스트민스터Westminster역

기차 개트윅 익스프레스, 서던, 사우스이스턴Gatwick Express, Southern, Southeastern선 – 빅토리아
Victoria역

Best Course

예술과 낭만의 코스

세인트 제임스 파크
○
도보 3분
버킹엄 궁

○
서클 또는 디스트릭트선 16분
사치 갤러리
○
도보 13분
도미니크 앙셀 베이커리(점심)
& 킹스 로드(관광)
○
도보 8분
첼시 피직 가든
○
서클 또는 디스트릭트선 26분
웨스트민스터 사원

○
도보 3분
빅 벤

○
서클 또는 디스트릭트선 6분
빅토리아역, 페기 포르쉔 케이크
○
C10번 버스 타고 16분
테이트 브리튼
○
81, 11번 버스(1회 환승) 타고 32분
마이 올드 더치(저녁)
○
2, 36번 또는 185번 버스 타고 11분
아폴로 빅토리아 극장(뮤지컬 관람)

기차, 튜브, 버스가 모두 교차하는 바쁜 역

빅토리아역 VICTORIA STATION

주소 Victoria Street, SW1E 5ND **위치** 빅토리아(Victoria)역 바로 **홈페이지** tfl.gov.uk **전화** 343-222-1234

런던의 코치 버스와 철도 그리고 튜브가 모두 교차하는 대형 교통 허브 빅토리아 역은 1년간 8백만여 명이 드나드는 런던 교통의 중심지다. 워털루역 다음으로 런던에서 가장 바쁜 철도역으로, 새로 생긴 개트윅 공항Gatwick Airport으로 직행하는 터미널 또한 가지고 있어 목적지 분명한 여행객들이 캐리어를 끌고 빠른 걸음으로 활보하는 곳이다. 하지만 원래 이렇게 많은 인원을 수용하려 만들어진 곳이 아니라, 언제나 꽉 차고 바쁜 느낌이 들고 때로는 정신이 없기도 하지만 2018년 완공을 목표로 확장 공사를 하고 있다.

수 세기 동안 왕실의 행사를 주최해 온 곳

웨스트민스터 사원 WESTMINSTER ABBEY

주소 20 Dean's Yard, SW1P 3PA **위치** 웨스트민스터(Westminster)역에서 도보 4분 **시간** 9:30~15:30(월~토) *투어 시간은 홈페이지 참조 **요금** £25(성인), £22(학생, 65세 이상), £11(6~17세), 0-5세 무료 **홈페이지** www.westminster-abbey.org **전화** 020-7222-5152

대표적인 유럽 중세 건축물로, 왕실에서 관리하는 '로열 피큘리어Royal Peculiar'다. 1066년 정복왕 윌리엄이 웨스트민스터 사원에서 왕위에 오른 후로 에드워드 5세와 8세를 제외한 모든 영국 왕과 여왕들의 대관식이 이곳에서 이루어졌다. 웨스트민스터 성당을 세운 참회왕 에드워드를 포함한 여러 왕의 무덤 역시 웨스트민스터 사원에 있다. 윌리엄 왕자와 케이트 미들턴의 결혼식도 이곳에서 치러졌다. 초기 고딕 양식 건물답게 외관은 굉장히 화려하지만 사원 안은 외관만큼 휘황찬란하지는 않다. 그러나 영국 역사가 곳곳에 서린 곳이니 건축적인 의미를 차치하고서라도 꼭 가 볼 만한 가치가 있다. 웨스트민스터 사원의 남쪽 교차랑에 위치한 영국 대문호들의 무덤인 퍼우이츠 코너Poets'Corner는 놓치지 않고 찾아보아야 할 곳이다. 1400년, 영국 시의 아버지라 불리는《캔터베리 이야기》의 제프리 초서 Geoffrey Chaucer를 시작으로 영국 문화에 지대한 영향을 미친 인물들이 이곳에 안장됐는데 대부분 작가들이라서 지금의 이름이 붙었다.

주얼 타워 JEWEL TOWER

에드워드 3세Edward III의 보물을 보관하기 위해 1365년 무렵 건설된 3
층 석조 건물로, 웨스트민스터 사원의 서쪽 끝에 있다. 1834년 대화재에
도 살아 남아 방대한 양의 상원 기록들이 보관돼 있다. 14세기 만들어진
정교한 장식의 화려한 천장이 유명하다. 2013년부터 주얼 타워의 역사
를 다루는 전시를 탑 건물 전체에 걸쳐 선보인다.

주소 Abingdon Street, SW1P 3JX 위치 웨스트민스터(Westminster)
역에서 도보 5분 시간 10:00~17:00(수~일) 휴관 12월 24~26일 요금
£6.60(성인), £5.90(학생), £4.00(5~17세) *런던 패스 소지자 무료 홈페
이지 www.english-heritage.org.uk/visit/places/jewel-tower 전
화 370-333-1181

 ## 세인트 마가렛 성당 ST MARGARET'S CHURCH

사원 바로 옆에 위치한 이 대형 성당은 영국 전 총리 윈스턴 처칠 등의 결
혼식 장소로도 알려져 있으며 많은 영국 국회 의원이 예배를 드리는 곳이
다. 1523년 세워졌으며 빅토리아 시대의 오르간과 목조 천장이 유명하
다. 비잔틴 양식인 성당의 84m 높이의 종탑에 올라 런던 시내와 템스강을
한눈에 담을 수 있다. 미사 시간에 방문하게 된다면 방해가 되지 않도록 조
심스럽게 출입하도록 주의하자.

주소 St Margaret Street, SW1P 3JX 위치 웨스트민스터(Westminster)
역에서 도보 4분 시간 10:30~15:30(월~금) 홈페이지 www.westmin
ster-abbey.org/st-margarets-church 전화 020-7654-4840

 ## 해시계 SUNDIAL

2002년 엘리자베스 2세 여왕의 골든 주빌리(즉위 50주년)를
기념하기 위해 복구된 8자형 눈금자 해시계는 매일 태양의 궤
도 경사각과 균시차를 나타낸다. 주얼 타워 앞에 위치한 올드
팰리스 야드의 이 해시계 둘레에는 셰익스피어의《헨리 6세》2
부 5장의 일부가 새겨져 있다.

주소 Old Palace Yard, SW1P 3JY 위치 웨스트민스터
(Westminster)역에서 도보 4분

 세계 최초 의회제 민주주의를 발달시킨 영국의 상징
웨스트민스터 궁 PALACE OF WESTMINSTER

주소 Palace of Westminster, SW1A 0AA **위치** 웨스트민스터(Westminster)역에서 도보 4분 **요금** 오디오/비디오 (한국어 미지원) 가이드와 투어 £22.50(성인), £19.50(학생), £9.50(아동) **홈페이지** www.parliament.uk *투어 일정은 상이하여 홈페이지에서 예매 가능한 날짜 확인 **전화** 020-7219-3000

1066년 이전 참회왕 에드워드 시대부터 헨리 8세의 통치기까지 왕궁으로 쓰이다 16세기부터 현재까지 영국 국회의 상원과 하원 의원실로 쓰이고 있다. 현재의 건물은 1834년의 화재로 소실된 후 다시 지은 것으로, 양원 외 직원들의 숙사까지 1만 7천m²나 된다. 북쪽은 하원 의사당, 남쪽은 상원 의사당이다. 영국 역사를 쥐락펴락했던 인물들이 토론을 벌였던 장소인 하원 의원실은 제2차 세계 대전 때 폭격으로 피해를 입어 재건축됐다.

 런던의 명물
빅 벤 BIG BEN

주소 Big Ben, SW1A 0AA **위치** 웨스트민스터(Westminster)역에서 도보 4분 **홈페이지** www.parliament.uk **전화** 020-7219-4272

웨스트민스터 궁에서 가장 유명한 곳이다. 많은 사람이 빅 벤을 시계로 잘못 알고 있으나 빅 벤은 시계가 아니라 13.5톤의 거대한 종이다. 1858년 종이 98m 높이의 시계탑에 설치되는 광경을 보기 위해 군중이 엄청나게 몰려들었다고 한다. 빅 벤의 이름에 관해 여러 설이 있지만 확실한 것은 아무것도 없다. 이곳의 건설을 담당한 벤저민 홀 경Sir Benjamin Hall의 이름에서 유래했다는 말도 있고, 완공 당시 헤비웨이트 권투 챔피언이었던 벤저민 카운트Benjamin Caunt의 별명에서 기

인했다는 사람도 있다. 빅 벤이 위치한, 분침이 4.2m, 숫자 하나가 60cm나 되는 이 큰 시계탑은 제2차 세계 대전 중에도 살아 남아 정시를 알렸을 정도로, 엄격한 관리 아래서 그야말로 시간을 칼같이 지키며 알려 준다(단, 보수 공사로 인해 2021년까지 종소리 중단). 아쉽게도 빅 벤은 일반 대중에게 공개되지 않는 국회 의사당 건물의 유일한 부분이며 영국에서 거주하는 사람들도 서면으로 방문을 요청해야 찾아갈 수 있다. 현재 보수 공사로 원래 진행하던 가이드 투어가 중단되었다.

현 영국 왕가의 공식 주 거처
버킹엄 궁 BUCKINGHAM PALACE

주소 Buckingham Palace, SW1A 1AA 위치 빅토리아(Victoria)역에서 도보 10분 시간 9:30~19:30(7~8월), 9:30~18:30(9~10월) 휴관 화, 수요일 요금 스테이트 룸 & 버킹엄 궁 £30 (성인), £19.50 (18-24세), £16.50 (5-17세, 장애인), 5세 이하 무료 홈페이지 www.rct.uk/visit/the-state-rooms-buckingham-palace 전화 0303-123-7300

버킹엄 공작을 위해 지어진 버킹엄 하우스가 궁전으로 개조된 것으로, 빅토리아 여왕을 시작으로 1837년부터 현 영국 왕가의 공식 주 거처다. 775개의 방과 함께 자체 우체국, 영화관, 수영장, 병원을 보유하고 있다고 한다. 여러 군주가 수집한 다양한 예술품을 소장하고 있다. 매일 오전 11시부터 약 45분간 열리는 근위병들의 교대식은 버킹엄 궁의 명물이다. 여왕이 버킹엄 궁에 기거할 때에는 왕기|Royal Standard가, 자리를 비웠을 때에는 영국 국기 유니언 잭이 걸린다.

퀸스 갤러리 THE QUEEN'S GALLERY

2002년 여왕 즉위 50주년을 기념해 개관한 이 갤러리는 왕실 컬렉션을 가지고 다양한 주제의 전시를 열었다. 한 번에 450여 점의 그림, 조각, 가구 등 모두 왕실과 관련된 전시품들이 전시된다.

주소 Buckingham Palace Road, SW1A 1AA 위치 빅토리아(Victoria)역에서 도보 7분 시간 10:00~17:30 휴관 화, 수요일 요금 £17(성인), £11(18~24세), £9(5~17세, 장애인)*5세 미만 무료 홈페이지 www.rct.uk/visit/the-queens-gallery-buckingham-palace

 ## 로열 뮤즈 ROYAL MEWS

영국 런던에 있는 왕실 마구간이다. 조지 4세George IV가 버킹엄 궁전을 왕실의 주요 궁전으로 정하고 마구간들을 다른 곳으로 옮기도록 하여 존 내시John Nash가 설계를 맡아 1825년 건설했다. 현재는 조지 3세 때부터 왕의 대관식에 사용됐던 1762년의 황금 마차와 왕실의 결혼식에 사용되는 1910년의 유리 마차를 포함해 여러 대의 왕실 마차와 자동차들이 보관돼 있다.

주소 Buckingham Palace Road, SW1W 0QH 위치 빅토리아(Victoria)역에서 도보 5분 시간 10:00~17:00(5~10월) 휴관 화, 수요일 요금 £14(성인), £9(60세 이상, 학생), £8(17세 이하, 장애인), 5세 이하 무료 홈페이지 www.rct.uk/visit/the-royal-mews-buckingham-palace

 ## 그린 파크 GREEN PARK

세인트 제임스 파크와 인접했지만 그린 파크로 들어서면 훨씬 더 무성해지는 숲을 만날 수 있다. 조깅하는 런더너들을 자주 볼 수 있고, 일부러 이 공원을 가로질러 출퇴근하는 직장인들도 보인다. 런던의 여느 공원들과는 달리 호수, 건물, 기념비가 없어 오로지 나무와 풀로만 이루어진 진정한 공원이다.

주소 Green Park, SW1A 1BW 위치 그린 파크(Green Park)역에서 도보 2분 홈페이지 www.royalparks.org.uk/parks/green-park

 런던에서 가장 오래된 로열 파크
세인트 제임스 파크 ST. JAMES PARK

주소 The Storeyard, Horse Guards Road, SW1A 2BJ **위치** 세인트 제임스 파크(St. James's Park)역에서 도보 2분 **시간** 5:00~24:00 **홈페이지** www.royalparks.org.uk/parks/st-jamess-park **전화** 0300-061-2350

세 개의 궁으로 둘러싸인 런던 최고령 왕립 공원으로, 여왕의 공식 생일을 축하하는 군기 분열식Trooping the Colour이 열리는 곳이다. 공원 한가운데를 크게 차지하는 호수를 둘러싸고 제임스 1세가 만든 운하와 찰스 2세의 과실 나무 등 왕조가 바뀜에 따라 점점 더 예쁘게 가꿔진 세인트 제임스 파크는 모든 구석구석이 매력적이다. 매일 오후 2시 30분에 정기적으로 펠리컨들에게 모이를 주는 것을 구경하거나 여름에는 초저녁 야외 음악회를 감상할 수 있고, 또 4~9월에는 간이 의자를 대여해 잔디 위에서 늘어질 수 있어 공원을 찾는 사람들을 다양하게 만족시킨다.

> **Tip.**
> **녹음 속에서 즐기는 향긋한 식사**
> 세인트 제임스 카페 St. James's Café
>
> 오전 10~11시 기마병 교대식이 열리는 호스 가드즈 퍼레이드Horse Guards Parades 서쪽에 위치한 숲 속의 카페다. 친환경 자재로 지은 베누고Benugo 체인으로 실내외 좌석과 무선 인터넷, 기저귀 교환대, 장애인 화장실 등 편의 시설이 마련돼 있다.
>
> **주소** St James's Park, Horse Guard Roadm SW1A 2BJ **위치** ❶ 세인트 제임스 파크(St. James's Park)역에서 도보 9분 ❷ 웨스트민스터 (Westminster)역에서 도보 9분 **시간** 8:00~19:00 **홈페이지** www.benugo.com/partnerships/public-spaces/parks/st-jamess **전화** 020-7839-1149

©Ron Ellis

 런던에서 딱 하나의 전시를 봐야 한다면 여기
사치 갤러리 | SAATCHI GALLERY

주소 Duke of York's Building, King's Road, SW3 4RY **위치** 슬론 스퀘어(Sloane Square)역에서 도보 4
분 **시간** 10:00~18:00(월~수, 토~일), 10:00~20:00(목~금) **요금** 무료(홈페이지 예매 필요) **홈페이지** www.
saatchigallery.com

세계적인 미술품 수집가 찰스 사치(1943~)가 1985년 개관한 갤러리로, 2008년 현재 위치로 이전했다.
혁신적이고 파격적인 미술 작품들의 기획 전시로 명성이 높은데, 초반에는 현대 미술품 전시들이 대부분
이었으나 사치가 뛰어난 안목으로 젊은 미술가들의 작품을 전시하기 시작하며 영국의 젊은 아티스트들
YBA Young British Artists를 길러 낸 공으로 유명하다. 연간 천여 개의 학교들이 견학을 올 정도로 미술 교
육적인 면에서도 인정받는 갤러리다. 근래에는 중국 현대 미술과 중동 아시아 컬렉션 등 특정 지역의 작품
을 소개하고 있는데 2009년 7월에는 '코리안 아이-문 제너레이션Korean Eye-Moon Generation'이라는
컬렉션을 통해 한국 작품들을 전시하기도 했다. 갤러리 메스Gallery Mess라는 카페도 있는데 넓은 정원을
바라보며 이곳에서 오후를 보내는 것도 좋다.

슬론 스퀘어 SLOANE SQUARE

앤 여왕, 조지 1세와 2세의 주치의였던 한스 슬론 경의 이름을 딴 이 광장은 첼시 지역에서 가장 핫한 지역으로, 상점들과 맛집이 모여 있는 킹스 로드King's Road가 시작되고, 고급 부티크들이 즐비한 슬론 스트리트Sloane Street가 끝나는 지점에 위치한다. 광장 가운데 위치한 비너스 분수Venus Fountain는 여행객들에게 인기 있는 포토 스폿이다.

위치 슬론 스퀘어(Sloane Square)역에서 나와 바로

킹스 로드 KING'S ROAD

해 뜨는 아침까지 놀던 젊은 층들이 빠져 나가고 한 채에 '억' 하는 비싼 집값을 지불할 능력이 되는 중장년층들이 장악한 첼시의 변화를 한눈에 알아볼 수 있는 거리가 킹스 로드다. 1960년대 런던 스윙 문화의 중심부이자 1970년대 비비안 웨스트우드가 전설적인 상점 섹스SEX를 열었던 킹스 로드는 지금 한적한 첼시의 대로가 됐다. 어떤 사람들은 전성기가 지난 킹스 로드가 이제 퇴물이 됐다 하지만 개인적으로는 킹스 로드의 진가를 아는 사람들만 찾는, 좀 더 조용한, 하지만 놀거리도 먹거리도 넘쳐나는 지금이 더 좋다.

위치 슬론 스퀘어(Sloane Square)역에서 나와 바로

영국 근현대 미술 전시

테이트 브리튼 TATE BRITAIN

주소 Millbank, SW1P 4RG **위치** 핌리코(Pimlico)역에서 도보 9분 **시간** 10:00~18:00 **휴관** 12월 24~26일 **요금** 무료 **홈페이지** www.tate.org.uk/visit/tate-britain **전화** 020-7887-8888

본래 교도소가 있던 자리에 세워진 테이트 브리튼은 테이트 모던Tate Modern, 테이트 리버풀Tate Liverpool, 테이트 세인트 아이비스 갤러리Tate St. Ives Gallery와 함께 테이트 갤러리 네트워크에 속한 국립 미술관이다. 테이트 모던이 세워지고 이곳으로 현대 미술 작품들이 옮겨져 16세기부터 현재까지의 영국 미술품만을 전담하고 있다. 데이비드 호크니David Hockney, 프랜시스 베이컨Francis Bacon 등 영국 작가들의 작품을 많이 소장하고 있으며 빅토리아 회화 컬렉션 역시 훌륭하다. 고정적으로 선보이는 전시 외에도 3년마다 객원 큐레이터를 초빙해 특별 전시를 연다.

 〈위키드〉가 성황리에 상연 중인 뮤지컬 극장
아폴로 빅토리아 극장 APOLLO VICTORIA THEATRE

주소 17 Wilton Road, SW1V 1LG **위치** 빅토리아(Victoria)역에서 도보 4분 **홈페이지** www.theapollovictoria.com **전화** 333-009-6690

영화관과 연극 극장으로 사용돼 온 아폴로는 1981년 〈사운드 오브 뮤직Sound of Music〉으로 뮤지컬 공연 극장이 됐다. 현재 가장 핫한 공연인 〈위키드Wicked〉를 상연 중이다. 인어 공주가 헤엄쳐 다닐 것 같다는 아르 데코 인테리어로 유명한 아폴로 빅토리아는 2,200명 이상을 수용할 수 있어 런던에서 가장 큰 극장 중하나로 꼽힌다.

 클래식한 분위기의 독립 서점
존 샌도 북스 JOHN SANDOE BOOKS

주소 10-12 Blacklands Terrace, SW3 2SR **위치** 슬론 스퀘어(Sloane Square)역에서 도보 5분 **시간** 9:30~17:30(월~토), 11:00~17:00(일) **홈페이지** www.johnsandoe.com **전화** 020-7589-9473

1957년부터 다양한 장르의 책을 판매하고 있는 조용하고 차분한 분위기의 독립 서점이다. 작가 알랭 드 보통이 '영원히 런던 최고의 서점일 것이다.'고 말하기도 했다. 독립 서점치고는 규모가 상당하고 꾸준히 찾는 독자층도 탄탄하다. 3만 권이 넘는 보유 서적은 스태프가 깐깐하게 고른 책들이다. 책과 관련한 다양한 행사를 진행한다. 검은색 목조 외관은 요즘 런던 인스타그래머들에게 사랑받는 포토 스폿이다.

 먹기 아까울 정도로 예쁜 케이크

페기 포르쉔 케이크 PEGGY PORCHEN CAKES

주소 116 Ebury Street, SW1W 9QQ **위치 ❶** 빅토리아(Victoria)역에서 도보 9분 **❷** 슬론 스퀘어 (Sloane Square)역에서 도보 9분 **시간** 9:00~18:00(월~토), 10:00~18:00(일, 공휴일) **홈페이지** www. peggyporschen.com **전화** 020-7730-1316

최고의 파티에 빠지지 않는 케이크 전문점 페기 포르쉔은 부부가 운영하는 케이크 전문점이다. 훌륭한 페이스트리 팀이 운영하는 고품질 케이크와 빵류를 판매한다. 모델 케이트 모스의 결혼식, 스텔라 매카트니의 결혼식과 안소니 홉킨스의 생일 파티 등을 포함해 다양한 파티의 케이크 공급 업체로 자주 초청받기도 하는 곳으로, 자랑하고 싶은 화려한 케이크부터 바로 사서 먹기 좋은 쿠키나 컵케이크까지 모두 있다. 맞춤 주문도 가능하며, 페기 포르쉔 전용 블렌드 티 역시 판매하고 있어 케이크와 환상적인 궁합을 자랑하는 차를 홀짝이며 멋진 티타임을 가질 수도 있다.

동화 속 비밀의 정원
첼시 피직 가든 CHELSEA PHYSIC GARDEN

주소 66 Royal Hospital Road, SW3 4HS **위치** 슬론 스퀘어(Sloane Square)역에서 도보 15분 **시간** 11:00
~17:00(일~금) **요금** £14(성인), £10(학생, 15세 이하) **홈페이지** chelseaphysicgarden.co.uk **전화** 020-
7352-5646

런던에서 가장 오래된 식물원이며 살아 있는 박물관이다.《비밀의 정원》을 읽은 사람이라면 첼시 피직 가든을 보는 순간 오래전 읽었던 이 소설을 떠올릴 수밖에 없을 것이다. 약초를 연구하기 위해 조성된 정원이었는데, 1712년 확장을 하며 전 세계 약용 식물을 기르는 약초 재배원으로 발전했다. 식용 작물들만 심어 놓은 정원 등 다른 공원이나 정원에서 볼 수 없는 풀과 나무, 꽃들이 자라 신비롭고 아름다운 자태가 남다르다.

 네덜란드식 팬케이크 전문점
마이 올드 더치 | MY OLD DUTCH

주소 221 King's Road, SW3 5EJ 위치 슬론
스퀘어(Sloane Square)역에서 도보 16분 시
간 10:00~19:00(월~토), 10:00~19:30(일)
홈페이지 www.myolddutch.com 전화
020-7376-5650

켄싱턴 지역의 유명 네덜란드식 레스토랑
이다. 인기만큼 크지는 않지만 '발렌ballen'
으로 끝나는 미트볼 요리들과 네덜란드식
팬케이크만으로도 줄을 서서 들어갈 만한
곳이다. 네덜란드식 팬케이크는 미국식 팬
케이크보다 훨씬 더 크고 얇으며 다양한
과일로 만든 시럽을 듬뿍 뿌려 먹는다. 마
이 올드 더치는 1년에 한 번 있는 팬케이크
데이(2월 28일)에 가장 들뜨지만 연중 어
느 때라도 간단한 네덜란드어를 가르쳐 주
려는 직원들 덕분에 즐겁게 식사할 수 있
다. 포장도 가능하다. 홀본(131-132 High
Holborn, WC1V 6PS)과 켄싱턴에도 지점
(16 Kensington Church Street, W8 4EP)
이 있다.

사우스
뱅크

Southbank

214개의 다리가 지나는 템스강 남쪽 지역

런던의 젖줄 템스강은 5천8백만 년이나 됐으며 346km의 긴 길이를 자랑한다. 템스강에 떠 있는 섬은 80개 그리고 2000년 완공돼 가장 나이가 어린 밀레니엄 브리지와 1209년 가장 먼저 지어진 런던 브리지를 비롯해 모두 214개의 다리가 템스를 건넌다. 사우스뱅크는 말 그대로 '남쪽 강변'이라는 뜻으로 행정적으로는 램버스Lambeth 지역만을 포함하지만 책에서는 서더크Southwark와 워털루Waterloo까지, 강 건너 전체 지역을 아울러 칭한다.

런던 아이
London Eye

시 라이프
Sea Life

사우스뱅크 센터
Southbank Center

워털루역
Waterloo

워털루 이스트역
Waterloo East

지구본 인박스
Waterloo

더 올드 빅
The Old Vic

영 빅
Young Vic

램버스 노스역
Lambeth North

엘리펀트 앤드 캐슬역
Elephant & Castle Station

엘리펀트 앤드 캐슬역
Elephant & Castle Station

미니스트리 오브 사운드
Ministry of Sound

OXO 타워
OXO Tower

뱅크사이드 갤러리
Bankside Gallery

밀레니엄 브리지
Millennium Bridge

블랙프라이어스역
Blackfriars

블랙프라이어스역
Blackfriars

템플역
Temple

서더크역
Southwark

테이트 모던
Tate Modern

셰익스피어 글로브 극장
Shakespeare's Globe Theatre

더 젠틀맨 바리스타스
The Gentlemen Baristas

콘디토
Konditor

먼머스
Monmouth

바로우 마켓
Borough Market

보로역
Borough

캐넌 스트리트역
Cannon Street

모뉴먼트역
Monument

런던 브리지
London Bridge

런던 브리지역
London Bridge

런던 브리지 익스피리언스
London Bridge Experience

더 샤드
The Shard

펜처치 스트리트역
Fenchurch Street

타워 힐역
Tower Hill

헤이즈 갤러리아
Hay's Galleria

버틀러스 워프 부두
Butlers Wharf Pier

타워 브리지
Tower Bridge

패션과 섬유 박물관
Fashion and Textile Museum

화이트 큐브
White Cube

더 버몬지 스퀘어 호텔
The Bermondsey Square Hotel

해이 카페
HEJ Coffee

40 몰트비 스트리트
40 Maltby Street

몰트비 스트리트 마켓
Maltby Street Market

더 워치 하우스
The Watch House

버몬지 아트 카테일 클럽
Bermondsey Art Cocktail Club

튜브 베이커루, 주빌리, 노던, 워털루 앤드 시티Bakerloo, Jubilee, Northern, Waterloo & City선 – 워털루 Waterloo역

노던Northern선 – 버러Borough역

주빌리, 노던Jubilee, Northern선 – 런던 브리지London Bridge역

주빌리Jubilee선 – 서더크Southwark역, 버몬지Bermondsey역

베이커루Bakerloo선 – 램버스 노스Lambeth North역

기차 사우스 웨스트 트레인즈, 사우스이스턴South West Trains, Southeastern선 – 워털루Waterloo역

사우스이스턴Southeastern선 – 워털루 이스트Waterloo East역

서던, 템스링크, 사우스 이스턴Southern, Thameslink, Southeastern선 – 런던 브리지London Bridge역

Best Course

대중적인 코스

사우스뱅크 센터

➕

도보 18분

셰익스피어 글로브 극장

➕

도보 3분

테이트 모던, 뱅크사이드 갤러리

➕

도보 11분

버로우 마켓 & 몬머스

➕

도보 9분

헤이즈 갤러리아

➕

도보 7분

타워 브리지

➕

도보 10분

화이트 큐브

➕

도보 15분

더 젠틀맨 바리스타스

➕

381번 버스 타고 14분

40 멀트비 스트리트(저녁)

➕

주빌리선 21분

런던 아이

➕

도보 12분

더 올드 빅(연극 관람) or 미니스트리 오브 사운드

 템스강 변의 대표 명소
타워 브리지 TOWER BRIDGE

주소 Tower Bridge Road, SE1 2UP **위치** 런던 브리지(London Bridge)역에서 도보 13분 **시간** 매일 09:30~18:00 **휴관** 12월 24~26일 **요금** £11.40(성인), £5.70 (5~15세), 5세 이하 무료 **홈페이지** www.towerbridge.org.uk **전화** 020-7403-3761

런던에서 가장 유명한 이 다리는 템스강 상류 쪽에서 비가 오나 눈이 오나 많은 사람과 차량을 지탱하고 서 있다. 많은 사람이 조금 떨어져 위치한 런던 브리지와 착각하는데 설계 초기부터 런던 탑과 조화롭게 어울려야 한다는 전제가 있었기에 중세 고딕 양식으로 만들어졌다. 파리지앵들이 에펠탑이 처음 세워졌을 때 질색했다는 후문처럼 당시 몇몇 콧대 높은 런더너들은 타워 브리지를 두고 흉물스러운 고철 덩어리라 혹평했다고 한다. 지금은 다리를 건너며 올려다보는 모습도, 강 건너 멀리서 보는 모습도, 밤이 깊어 반짝이는 조명에 빛나는 모습도 모두 멋진, 런던에서 가장 많이 사진을 찍어 가는 명소다.

> **Tip.** 런던 브리지는?
> 1729년 퍼트니Putney 브리지가 생길 때까지 템스강을 건너는 런던의 유일한 다리였다. 서더크 브리지 Southwark Bridge와 타워 브리지 사이에 위치하고 다리 이름을 딴 튜브역 바로 앞에 위치하고 있어 역 근 처가 번화하고 볼거리가 많다. 강변 쪽으로도 런던의 주요 명소들이 위치하고 있다. 구경거리가 아주 많으니 런던 브리지 주변의 명소와 먹거리, 놀 거리, 교통 정보 등을 자세히 소개하는 '앳 런던 브리지 웹 사이트 (atlondonbridge.co.uk)'를 방문하면 돌아볼 일정을 손쉽게 짤 수 있다.

런던 브리지가 무너진다는 섬뜩한 가사가 귀여운 동요 가락을 만나, 영국에서 가장 잘 알려진 노래가 됐다. 여느 전래 동요처럼 그 정확한 기원에 대해서는 말이 많은데, 다리를 공사하기 시작했을 때 템스가 범람하거나 다리를 무너뜨리지 않도록 행했던 의식에서 아이들을 제물로 바쳤던 이야기를 바탕으로 생겨났다는 설, 11세기 바이킹의 침략을 받아 다리가 공격을 받았던 것을 바탕으로 한다는 설이 유력하다. 쉽게 따라 부를 수 있는 가사와 멜로디 때문에 런던 브리지를 오갈 때면 언제나 흥얼거리게 되는 동요다.

타워 브리지의 도개교가 열린다!

각각 1,000톤이나 되는 두 개의 도개교가 다리 아래로 배들이 템스강을 지나가도록 높이 들었다가 다시 내려와 합치는 장관은, 1분 30초 정도로 짧지만 런던에서 가장 인기 있는 광경 중 하나다. 본래 매일 만조 때 두 시간씩 열려 있던 도개교는 현재 특별한 협약이 있을 때만 열린다. 홈페이지에서 도개교가 들리는 날짜와 시간을 확인해 언제나 볼 수 있는 것은 아닌 장관을 구경해 보자.

다리에서 조금만 더 걸으면 나타나는 부둣가, 버틀러스 워프 부두 BUTLERS WHARF PIER

타워 브리지가 템스강의 경계라 생각하고 다리 너머로는 마치 더 볼 지역이 없는 듯 생각하는 여행객들이 꽤 있다. 그러나 조금만 더 걸어가는 수고를 하면 시내를 완전히 벗어난 것 같은 훌륭한 경치의 부두가 나타난다. 끝없이 펼쳐지는 강과 동동 떠 있는 크고 작은 배의 평온한 모습과 건너편으로 시티오브 런던의 고층 빌딩들을 구경할 수 있다.

주소 Queen's Walkway, SE1 2YE 위치 런던 브리지 (London Bridge)역에서 도보 13분

세계 각국 현대 미술의 보고
테이트 모던 TATE MODERN

주소 Bankside, SE1 9TG 위치 서더크(Southwark) 역에서 도보 11분 시간 매일 10:00~18:00 요금 무료 홈페이지 www.tate.org.uk

영국의 예술 재단인 테이트TATE가 1980년대 이후 발전소로서의 기능이 정지되고 사실상 버려진 뱅크 사이드 화력 발전소Bankside Power Station 건물을 개조해 2000년에 개관했다. 개관한 지 20년 가까이 됐는데 매년 470만 명 가까이 되는 관람객이 사그라들 기미를 보이지 않는, 런던에서 가장 인기 있는 미술관이 됐다. 풍경, 정물, 누드, 역사 등 테마로 공간을 구분해 전시가 열리며 영구전과 함께 주기적으로 테마가 바뀌는 특별전도 운영한다. 통유리창으로 되어 있는 카페에서 세인트 폴 대성당까지 시원한 템스강 전망을 볼 수 있다.

사우스뱅크와 런던 시내를 연결하는 21세기 철교
밀레니엄 브리지 MILLENNIUM BRIDGE

주소 Millenium Bridge, SE1 9JE **위치** 런던 브리지(London Bridge)역에서 도보 10분

2000년에 만들어진 템스를 잇는 신식 다리다. 주변의 다른 다리들과는 다르게 모던하고 슬림한 디자인이
며 유리와 철골 구조로만 이루어져 가볍고 날렵해 보인다. 날씬하지만 보기보다 튼튼해 동시에 5,000명 이
상을 지탱할 수 있다. 세인트 폴 대성당과 테이트 모던을 이어 주며, 다리를 건너 테이트에서 뒤를 돌아 바라
보는 전경이 멋지다.

 셰익스피어 작품을 감상하기에 가장 좋은 극장
셰익스피어 글로브 극장 SHAKESPEARE'S GLOBE THEATRE

주소 21 New Globe Walk, SE1 9DT **위치** 런던 브리지(London Bridge)역에서 도보 11분 **시간** 박스 오
피스:11:00~18:00(월~금), 10:00~18:00(토), 10:00~17:00(일) **휴관** 12월 24~25일 **홈페이지** www.
shakespearesglobe.com(투어 시간 홈페이지 참조) **전화** 020-7902-1400

셰익스피어가 직접 자신의 작품을 상연하던 글로브 극장은 〈헨리 8세〉를 공연하던 중 화재로 불타 없어졌
는데, 400여 년이 지나 거의 비슷한 모습으로 복원됐다. 글로브 극장은 오늘날도 셰익스피어 작품을 감상
할 수 있는 가장 좋은 장소다. 야외극의 경우 저렴한 입석 티켓으로 감상할 수 있다. 셰익스피어 페스티벌을
주최할 때면 세계 각지의 명문 극단들이 셰익스피어의 작품을 준비해 글로브에서 공연한다.

템스강 변 문화 충전소
사우스뱅크 센터 SOUTHBANK CENTER

주소 Belvedere Road, SE1 8XX **위치** 워털루(Waterloo)역에서 도보 5분
시간 로열 페스티벌 홀: 10:00~18:00(월~화), 10:00~23:00(수~일) **홈페이**
지 www.southbankcentre.co.uk **전화** 020-3879-9555

음악, 무용, 문학, 시각 예술 등 모든 장르를 아우르는 문화 센터로, 해마다 천 명 이상의 예술가가 공연하는
사우스뱅크 센터는 로열 페스티벌 홀Royal Festival Hall, 퀸 엘리자베스 홀Queen Elizabeth Hall, 퍼셀 룸
스Purcell Rooms, 헤이워드 갤러리Hayward Gallery 그리고 퍼우이트리 라이브러리Poetry Library의 다섯
개 공간으로 이루어진다. 기념품을 판매하는 사우스뱅크 센터 숍과 괜찮은 레스토랑들이 여럿 있다.

런던에서 가장 무서운 전시와 공연
런던 브리지 익스피어리언스 LONDON BRIDGE EXPERIENCE

주소 2-4 Tooley Street, SE1 2PF **위치** 런던 브리지(London
Bridge)역에서 도보 1분 **시간** 12:00~18:00(수~일) **휴무** 12
월 25일 **요금** £26.90(성인), £19.50(어린이) **홈페이지** www.
thelondonbridgeexperience.com **전화** 020-7403-6333

핏빛 런던을 구경할 수 있는 무시무시한 곳으로, 우리나라로 치면 '귀
신의 집'과 같다. 바이킹이나 로마인들의 침입과 같은 런던 역사의 한
자락을 스릴 넘치게 살펴볼 수 있다. 할로윈을 보내기 가장 재미있는
장소로 해마다 선정되니 10월에 런던을 여행하게 된다면 10월 중순
쯤부터 여는 할로윈 특별 전시를 볼 것을 추천한다. 티켓 한 장으로 19
개의 쇼를 감상하고 5D 놀이 기구와 보트를 탑승할 수 있다. 녹화된 비디오를 보는 것이 아니라 실제 공연
자들이 등장해 더욱 실감이 난다. 도시와 관련된 섬뜩한 이야기들을 조명해 살인자 이발사인 스위니 토드
Sweeny Todd나 블러디 메리Bloody Mary, 연쇄 살인마 잭 더 리퍼Jack the Ripper와 같은 런던의 유명한
살인자, 범죄자들을 테마로 한 전시와 공연을 볼 수 있다. 런던 던전을 포함해 런던 아이, 마담 투소, 아쿠아
리움, 슈렉 어드벤처 등 런던의 명소들과 묶어 여러 종류의 티켓을 판매한다.

높이 310m의 뾰족한 피라미드 모양의 건물
더 샤드 THE SHARD

주소 32 London Bridge Street, SE1 9SG 위치 런던 브리지 (London Bridge)역에서 도보 3분 요금 전망대 기본 요금 £28 홈페이지 www.the-shard.com 전화 0844-499-7111

런더너들이 줄여서 '샤드'라고만 부르는 이 뾰족한 피라미드 모양의 건물은 310m의 큰 키를 자랑한다. 300m가 넘어야 자격이 되는, 전 세계에 54개밖에 없는 수퍼톨(supertall: 초고층) 건물 중 하나다. 샹그릴라 호텔Shangri-La Hotel, 레스토랑, 사무실, 아파트, 전망대 등이 들어서며 오랜 공사 끝에 2012년 7월에 대중에게 개방됐다. 날씨가 흐리면 꼭대기가 안개 속에 갇혀 잘 보이지 않아 샤드를 올려다보고 오늘 날씨가 맑은지 흐린지를 가늠할 수 있다. 날짜와 입장 시간을 정해 홈페이지에서 티켓을 예매할 수 있으며 입장권은 전망대 입장과 오디오 가이드를 포함한다. 기념 사진, 샴페인 등 여러 옵션을 추가하는 다양한 입장권을 선택하여 예매할 수 있다.

영국에서 가장 뛰어난 배우들이 공연하는 곳
더 올드 빅 THE OLD VIC

주소 The Cut, SE1 8NB 위치 워털루(Waterloo)역에서 도보 3분 홈페이지 www.oldvictheatre.com 전화 0844-871-7628

200년 동안 로렌스 올리비에Laurence Olivier, 주디 덴치Judi Dench, 피터 오툴Peter O'Toole 등의 유명 배우들을 배출한 명문 극장이다. 셰익스피어의 전 작품을 공연한 바 있으며 수준 높은 작품들만 상연하니 어떤 공연을 보아도 만족은 보장된다. 현재는 영화배우 케빈 스페이시Kevin Spacey의 뒤를 이어 매튜 워츄스 Matthew Warchus가 예술 감독을 맡고 있다.

Tip. 젊은 배우와 감독을 길러 내는 양산지, 영 빅 YOUNG VIC

로열 셰익스피어 컴퍼니Royal Shakespeare Company의 총감독으로 엄청난 성공을 거둔 영국의 배우 로렌스 올리비에의 1970년 프로젝트로, 텔레비전에 오염된 현 세대들을 위한 극장을 만들고자 하여 설립한 것이 바로 이 영 빅이다. 원래는 5년만 운영하고 허물려고 했는데 굉장한 성공을 거두어 지금까지 온전한 것이라 한다. 모든 작품에 대한 교육 프로그램을 마련하고 있으며, 영국적인 특색이 강한 연극을 주로 공연한다.

주소 66 The Cut, SE1 8LZ 위치 서더크(Southwark)역에서 도보 3분 홈페이지 www.youngvic.org 전화 020-7922-2922

 템스강 변 파노라마를 감상할 수 있는 대형 관람차
런던 아이 LONDON EYE

주소 Riverside Building, Westminster Bridge Road, SE1 7PB **위치** 워털루(Waterloo)에서 도보 8분 **시 간** 11:00~18:00 *시간 변동이 잦으니 홈페이지에서 정확한 시간 확인 **휴무** 12월 25일 **요금** £36(성인, 온라인 £25.20), £32.5(3~15세, 온라인 £21.70) **홈페이지** www.londoneye.com

새 천 년을 기념해 영국 항공British Airways이 건축한, 세계에서 가장 높은 관람용 건축물이다. 각각 25명 을 태우는 32개의 관람차를 회전시키는 런던 아이에 올라타면 지상 135m의 높이까지 올라 30분 동안 런던 의 전경을 360°로 감상할 수 있으며 날씨가 좋으면 40km가량 떨어져 있는 윈저 성Windsor Castle까지 보 인다고 한다. 샴페인을 마시며 관람차를 타거나 템스강 크루즈를 포함하는 등 여러 티켓 종류가 있으며 온 라인 예매시 할인 혜택이 있고, 템즈 강 리버 크루즈 통합권, 마담 투소나 시 라이프Sea Life 아쿠아리움 통 합권도 판매한다.

> **Tip.** 유럽에서 가장 많은 종의 해저 생물을 보유한 수족관, 시 라이프 SEA LIFE
>
> 런던 아이 바로 옆에 있는 수족관에는 500여 종의 생물이 2백만 리
> 터의 물 안에서 헤엄치고 있다. '세계의 밀림The Rainforests of
> the World'에서는 열대 폭포 아래에서 쉬고 있는 악어들을 구경할
> 수 있으며, 여러 공간으로 나뉜 수족관의 관람실 중 아이들에게 가장
> 인기 있는 '샤크 워크Shark Walk'에서는 유리로 된 플랫폼을 걸어
> 다니며 발 아래로 유유히 헤엄치는 상어들을 구경할 수 있어 마치 해
> 저 탐험을 하는 듯한 실감나는 관람이 가능하다. 2012년부터는 특
> 별히 상어들과 스노클링을 할 수 있는 프로그램을 새롭게 선보였다.
>
> **주소** County Hall, Riverside Building, Westminster Bridge Road, SE1 7PB **위치** 워털루(Waterloo)
> 역에서 도보 8분 **시간** 10:00~16:00(월~목), 10:00~17:00(금~토) **요금** £31(성인, 온라인 £24), £28
> (3~15세, 온라인 £19.50) **홈페이지** www.visitsealife.com/london

1980년 여왕이 직접 개관한 곳
뱅크사이드 갤러리 BANKSIDE GALLERY

주소 48 Hopton Street, SE1 9JH **위치** 서더크(Southwark)역에서 도보 9분 **시간** 11:00~18:00 **요금** 무료 **홈페이지** www.banksidegallery.com **전화** 020-7928-7521

현란한 작품에 눈이 피로한 사람들을 위한 갤러리. 기존 멤버의 추천을 받아야만 가입할 수 있는 200년 이상의 전통으로 유명한 왕립 수채화 협회Royal Watercolour Society와 왕립 화가-판화가 협회Royal Society of Painter-Printmakers의 본부이기도 하다. 종종 미술가들의 강연이 열리기도 하며 여러 학교에서 견학을 오기도 한다. 전시회 관람 후 작품을 구매할 수도 있다.

런던의 식료품 저장고
버로우 마켓 BOROUGH MARKET

주소 8 Southwark Street, SE1 1TL **위치** 런던 브리지(London Bridge)역에서 도보 3분 **시간** 10:00~17:00(월~금), 08:00~17:00(토), 8:00~15:00(일) *월, 화는 일부만 개점 **홈페이지** www.boroughmarket.org.uk **전화** 020-7407-1002

2014년에 무려 1,000주년을 맞았다. 버로우 마켓에 한번 들르고 나면 그다음 어디를 가도 끼니 때마다 마켓 생각이 난다. 버로우 마켓에 가판이 있다거나 버로우 마켓에서 산 식재료로 요리한다는 것이 레스토랑들의 굉장한 자랑거리가 될 정도로 버로우 마켓은 런던의 맛과 관광을 담당한다. 아직 채 털을 뽑지 않은 토끼나 꿩이 주렁주렁 매달려 있는 모습에 기겁할 수도 있겠지만 10분 간격으로 열고 닫히는 오븐 사이로 풍기는 맛있는 냄새에 금세 신이 나 시장을 샅샅이 둘러보게 될 것이다. 시장 안에 위치한 맛집들이 대표적이지만 버로우 마켓 주변 골목에도 추천할 만한 곳들이 많다. 월, 화요일은 많은 상점이 닫혀 있는 리미티드 마켓limited market을 운영하고 수~토요일은 모든 상점이 문을 여는 풀 마켓full market 날이다.

 케이크의 즐거움
콘디터 KONDITOR

주소 22 Cornwall Rd, SE1 8TW　**위치** 서덕(Southwark)역에서 도보 6분　**시간** 8:00~19:00(월~금), 8:00~18:00(토), 10:00~17:00(일)　**홈페이지** www.konditor.co.uk　**전화** 020-7633-3333

만들기에도, 먹기에도 즐거운 케이크를 만드는 것을 목적으로 하는 유쾌한 베이커리다. 독일 출신의 헤드 베이커는 할머니가 애플파이를 굽는 것을 보고 자라 베이킹과 평생 함께했다. 버로우 마켓 안에 자리하고 있으니 시장 음식을 열심히 사 먹을 때 콘디터에 마지막으로 들러 디저트를 먹고 가는 것을 잊지 말도록 한다. 가장 유명한 것은 브라우니다. 베지테리언을 위한 파에야나 무사카 등의 식사 메뉴도 갖추고 있다. 런던 내 세 개의 지점이 있다. 매일 아침 신선하게 굽는 콘디터의 베이커리는 런던 전역, 영국 전역에 배송이 가능하여 홈페이지 주문도 인기가 많다.

 런던 1세대 스페셜티 카페
몬머스 MONMOUTH

주소 2 Park Street, SE1 9AB　**위치** 런던 브리지(London Bridge)역에서 도보 6분　**시간** 8:00~17:00(월~토)　**홈페이지** www.monmouthcoffee.co.uk　*카드 결제만 가능

'우리 가게는 몬머스 커피 하우스의 커피를 사용합니다.'라는 말이 수많은 런던의 식당과 카페의 자랑이 됐을 정도로 이제는 커피 맛으로 1등이라는 소개가 무색한 최고의 카페다. 긴 테이블 위에 투박하게 찢어 놓은 바게트와 한 사발 쌓인 잼과 버터를 두고 둘러 앉은 사람들과 카페 이곳저곳에 놓인 작은 테이블과 의자를 모두 차지하는 사람들, 자리가 나기를 이제나저제나 기다리는 사람들을 모두 제치  고 들어갈 수 있다면 무엇이든 시켜 보기를 추천한다. 전 메뉴를 추천할 만한 완벽한 카페는 흔치 않다. 코번트 가든(27 Monmouth Street Covent Garden, WC2H 9EU)과 버몬지(Arch 3 Spa North, Dockley Road, SE16 4EJ) 지점도 있다.

런던 최고의 푸드 마켓
멀트비 스트리트 마켓 MALTBY STREET MARKET

주소 41 Maltby Street, SE1 3PA 위치 버몬지
(Bermondsey)역에서 도보 12분 시간 10:00~17:00
(토), 11:00~16:00(일) 휴무 12월 24~25, 31일, 1월 1일
홈페이지 www.maltby.st

타워 브리지에서 5분만 걸으면 나타나는 멀트비는 주
말 런던 미식가들의 만남의 장소다. 어느 한 가게도 그
냥 지나칠 수 없을 정도로 완전히 색다른 요리들을 서
로 경쟁하듯 열심히 요리하며 맛있는 냄새를 하늘로
올려 보내고 있는 것을 볼 수 있다. 그리 긴 대로가 아
닌데도 이곳에서 먹고 싶은 것들만 다 먹으면 하루 종
일 배가 꺼지지 않을 정도다. 버러나 브로드웨이 등 런
던의 맛있는 시장들이 꽤 있지만 멀트비가 압도적으로
1등이다. 감자튀김에 얹어 주는 바비큐 소고기구이와
그레이비, 크래프트 맥주와 상큼한 칵테일, 지중해와
동유럽 지역의 전통 음식 등 추천하고 싶은 메뉴만 모
여 있다.

 다양한 아티스트를 소개하는 현대 아트 갤러리
화이트 큐브 WHITE CUBE

주소 144-152 Bermondsey Street, SE1 3TQ 위치 런던 브리지(London Bridge)역에서 도보 14분 시간 10:00~18:00(화~토), 12:00~18:00(일) 홈페이지 whitecube.com 전화 020-7930-5373

하얗고 네모반듯한 이 현대 미술관은 2011년 10월에 개관했다. 이로써 화이트 큐브는 런던에 세 군데나 자리하게 됐는데, 버몬지 갤러리가 가장 규모가 크다. 메인 갤러리, 작은 갤러리들과 강당, 서점 등 전시 관련해 볼거리가 많다. 시티오브런던에 위치한 화이트 큐브에 들르지 못해 영국의 신진 아티스트들의 작품을 보지 못한 것이 못내 아쉬운 여행자들에게 추천한다. 데이미언 허스트Damien Hirst, 트레이시 에민Tracey Emin, 마크 퀸Marc Quinn 등 아티스트의 작품을 전시한 바 있다. 한 번 전시된 아티스트는 다시 전시될 수 없다는 화이트 큐브 갤러리만의 독특한 규칙이 있어 한 번 왔던 사람들도 자주 바뀌는 전시 작품을 보기 위해 여러 번 찾는다. 다양한 아티스트를 소개하기 위해 이런 규칙을 만들었고, 영국을 대표하는 젊은 아티스트들의 그룹Young British Artists, YBAs를 가장 먼저 대중에게 선보인 곳이기도 하다.

 이런 곳에서 이런 맛을 발견할 줄이야
40 멀트비 스트리트 40 MALTBY STREET

주소 40 Maltby Street, SE1 3PA 위치 버몬지(Bermondsey)역에서 도보 13분 시간 17:30~22:00(수~목), 12:30~14:30, 17:30~22:00(금), 11:00~22:00(토), 12:00~17:00(일) 홈페이지 www.40maltbystreet.com 전화 020-7237-9247

양배추만두와 돼지 머리 고기 등 여느 런던 식당에서 쉽게 볼 수 없는 요리를 선보인다. 비좁은 멀트비 마켓 골목에서 식사를 하는 것이 내키지 않는다면 멀트비 40번지를 찾아보자. 유럽 각지에서 공수한 훌륭한 소시지, 치즈, 맥주, 와인을 마음껏 맛볼 수 있다. 해산물과 베이커리류도 추천한다. 헤드 셰프는 미슐랭 투스타 더 레드버리에서의 경력이 있는 스티븐 윌리엄스Stephen Williams. 비평가들과 손님들의 유일한 불만은 영업시간이 너무 짧고 예약을 받지 않는다는 것이다. 이 두 가지 특징만으로도 이미 맛집임을 짐작할 수 있지 않은가?

 헤이즈 부두에 세워진 쇼핑, 레스토랑 단지
헤이즈 갤러리아 HAY'S GALLERIA

주소 1 Battle Bridge Lane, SE1 2HD **위치** 런던 브리지(London Bridge)역에서 도보 7분 **시간** 8:00~23:00(월~금), 9:00~23:00(토), 9:00~22:30(일) **전화** 020-7403-1041

세계 각지에서 오는 배들을 맞았던 헤이즈 부두Hay's Wharf의 자리에 세워진 쇼핑과 레스토랑 단지로, 1600년대부터 있던 건물을 1987년 밀라노의 비토리오 에마누엘레 2세 갤러리아를 모델로 하여 새로 단장해 현재의 쇼핑몰이 됐다. 입점한 브랜드들은 세계적으로 유명하거나 비싼 것들은 아니지만 기념품으로 사 가지고 가고 싶은 작고 귀여운 로컬 브랜드 상품들이 많아 부담 없이 구경하기 좋다. 유리 천장이 있는 보기 드문 아케이드 건물 그 자체로 인기가 많다. 크리스마스 시즌이면 종종 점심시간에 콘서트를 열기도 한다.

1991년부터 런던의 흥을 책임지다
미니스트리 오브 사운드 MINISTRY OF SOUND

주소 103 Gaunt Street, SE1 6DP **위치** 엘리펀트 앤드 캐슬(Elephant & Castle)역에서 도보 4분 **시간** 22:30~새벽 6:00(금), 23:00~새벽 6:00(토) **홈페이지** club.ministryofsound.com **전화** 020-7740-8600

여전히 런던 최고의 클럽 중 하나로 군림하는 런던 클럽 1세대의 대표 주자다. 세계 각국의 유행하는 음악을 모두 틀어 준다. 상업적인 EDM과 언더그라운드 EDM을 모두 들을 수 있다. 홈페이지에 초대 DJ나 뮤지션, 파티일정을 모두 공지하니 미리 확인해 보도록 하자. 인기 있는 이벤트는 조기에 티켓이 품절될 수 있으니 예매하는 것도 좋다. 바는 항상 붐비고 술 가격대가 높은 편이니 펍에 먼저 들렀다가 클럽으로 향하는 것도 좋다.

신사들이 내어 주는 따뜻한 커피
더 젠틀맨 바리스타스 THE GENTLEMEN BARISTAS

주소 63 Union Street, SE1 1SG **위치** 버러(Borough)역에서 도보 6분 **시간** 7:00~18:00(월~목), 7:00~23:00(금), 8:30~17:00(토), 8:30~16:00(일) **홈페이지** www.thegentlemenbaristas.com

'매너 좋은 커피'를 판매한다는 재미있는 청년들이 2014년 겨울 개점한 카페다. 짙은 녹색으로 페인트칠한 클래식한 외관이 나이를 가늠할 수 없게 한다. 내부 좌석도 꽤 넓은 편이고 음식도 맛이 있어서 여유롭게 브런치를 즐기고 일어날 수 있다. 브리스톨의 로스터리와 협업해 최고의 커피콩을 사용하고 있으며 소시지 롤, 케이크 등 커피와 곁들일 스낵 또한 종류별로 가장 맛있다고 알려진 베이커리들에서 공수해 온다. 손님층이 무척 다양하다는 점을 자랑스럽게 생각하는 신사들은 매너를 최우선시하는 만큼 훌륭한 서비스를 제공한다.

 아르 데코 스타일의 아름다운 탑
OXO 타워 OXO TOWER

주소 02 Barge House Street, SE1 9GY **위치** 서더크(Southwark)역에서 도보 8분 **시간** 11:00~18:00 **홈페이지** oxotower.co.uk **전화** 020-7021-1686

디자인과 미술 전시관, 파인 다이닝 레스토랑, 공예품 상점 등 다목적 건물로 사용되고 있는 전망 좋은 아르데코 탑이다. 2015년 새단장해 예전의 클래식한 분위기를 유지하며 더욱 멀쑥해졌다. 유러피언, 영국 요리를 전문으로 하는 OXO의 식당이 특히 유명하다. 큰 통유리창이 전면에 있어 강 건너편까지 볼 수 있다. 애프터눈 티도 즐길 수 있어 오후에 찾아가도 좋다.

 여유와 평온으로 충만한 커피 타임
헤이 커피 HEJ COFFEE

주소 1 Bermondsey Square, SE1 3UN **위치** 버몬지(Bermondsey)역에서 도보 19분 **시간** 7:00~17:00(월~금), 8:00~17:00(토~일) **홈페이지** www.hejcoffee.co.uk **전화** 020-3579-4663

한적한 버몬지의 골목에 위치한 청록색 벽돌 건물 카페. 편안하고 아늑한 공간은 해가 좋은 날 더욱 따뜻하다. 스웨덴어로 '안녕'이라는 뜻의 'Hej(발음은 '헤이'라고 한다)'에서 짐작할 수 있듯 북유럽 스타일의 커피 피카fika를 판매한다. 커피콩도 물론 스웨덴의 로스터리에서 가지고 와 사용한다. 재활용한 커피콩으로 만든 가구를 쓴다는 것도 헤이의 특징. 꽃집도 겸하고 있어서 색색의 꽃이 카페 안팎을 장식하고 있다. 꽃밭에 앉아 커피를 마시는 듯한 기분을 낼 수 있다.

아침 일찍부터 버몬지 사람들을 맞이하는 곳

더 워치 하우스 THE WATCH HOUSE

주소 199 Bermondsey Street, SE1 3UW **위치** 버몬지(Bermondsey)역에서 도보 16분 **시간** 7:00~18:00(월~금), 7:30~18:00(토~일) **홈페이지** www.thewatchhouse.com **전화** 020-7407-6431

오픈 시간이 일러 아침부터 북적인다. 작은 골목 두 개가 만나는 코너에 소담하게 자리해 유심히 보지 않으면 카페인 줄 모르고 지나치기 십상이다. 카운터에 진열돼 있는 디저트류 스낵들이 모두 맛이 있어 선택하기가 어렵고, 샌드위치와 랩 등 간단한 식사 메뉴는 매일매일 신선하게 직접 만들어 내놓는다. 커피와 주스 등 음료 메뉴 모두 추천한다. 커피는 오존 커피 로스터스의 것을 사용한다. 반원 형태로 된 앉는 자리는 그리 많지 않아 시간대를 잘 맞추어 가야 한다. 버몬지 지역 호텔에 묵는 사람들은 호텔 조식을 마다하고 일부러 더 워치 하우스에 아침 일찍 들르기도 한다.

버몬지에서 밤 늦게까지 문을 여는 곳

버몬지 아트 칵테일 클럽 BERMONDSEY ART COCKTAIL CLUB

주소 102a Tower Bridge Road, SE1 4TP **위치** 버몬지(Bermondsey)역에서 도보 17분 **시간** 18:00~다음 날 2:00(일~목), 18:00~다음 날 3:30(금~토) **홈페이지** bermondseyartsclub.co.uk **전화** 020-3302-0610

프라이빗한 아르 데코 스타일의 칵테일 바. 공용 화장실로 쓰이던 건물을 예술 학교 출신인 주인이 멋스럽게 꾸며 놓아, 요즘 런던의 힙스터들이 해가 지면 삼삼오오 모여드는 트렌디한 곳이다. 종종 라이브 재즈 공연도 있어 혼자 가도 심심하지 않다. 칵테일 메뉴는 모두 자체 개발한 오리지널 레시피다. 분위기와 음악 모두 백점이지만 무엇보다 칵테일이 굉장히 맛있어서 한 번도 못 가 본 사람은 있어도 한 번만 가 보는 사람은 없다.

그리니치

Greenwich

세계의 기준 시간을 안내하는 푸르고 평화로운 마을

템스강 건너 사우스뱅크 쪽에 숙소가 있어 가까운 곳으로 하루 살짝 떠나 보고 싶은 사람들은 주목하자. 세계의 기준 시각인 그리니치 표준 시간(Greenwich Mean Time, 한국은 GMT+9 이다)의 바로 그 그리니치는 런던 중심부에서 6.4km 정도 떨어져 있는 유네스코 세계 문화유산 보호 지역이다. 도심에서 20분 정도밖에 걸리지 않아 찾아가기가 용이하다. 아침 일찍부터 가서 하루 종일 보내기에도 볼거리가 많아 언제나 아쉽다.

그리니치
Greenwich

그리니치역
Greenwich

퀸 엘리자베스 칼리지
Queen Elizabeth College

커티 삭 포 매리타임 그리니치
Cutty Sark for Maritime Greenwich

그리니치 투어리스트 인포메이션 센터
Greenwich Tourist Information Centre

커티 삭
Cutty Sark

그리니치 마켓
Greenwich Market

폴 로즈
Paul Rhodes

구 왕립 해군 대학
Old Royal Naval College

고다즈 엣 그리니치
Goddards at Greenwich

국립 해양 박물관
National Maritime Museum

퀸스 하우스
Queens House

그리니치 자오선
Prime Meridian

그리니치 천문대
Royal Observatory

원 트리 힐
One Tree Hill

퀸 엘리자베스 나무
Queen Elizabeth's Oak

그리니치 공원
Greenwich Park

메이즈 힐역
Maze Hill

그리니치

`교통편`

런던에서 그리니치 가는 법

❶ 도클랜즈 경전철(Docklands Light Railway, DLR)
타워 게이트웨이(Tower Gateway)역과 뱅크(Bank)역에서 탑승해 커티 삭 포 매리타임 그리니치(Cutty Sark for Maritime Greenwich) 역에서 하차(2존)

❷ 열차
사우스이스턴(Southeastern)선 그리니치(Greenwich)역 이용

❸ 템스 클리퍼 Thames Clipper
그리니치로 가는 그 길 자체가 아름답고 즐거운 템스 클리퍼를 타 보자. 하루 7천 명 이상을 그리니치와 런던 도심을 오가며 실어 나르는 템스 클리퍼는 템스강 변 여러 선착장에서 탑승할 수 있다. 시간표는 홈페이지에 나와 있으며 티켓은 홈페이지, 클리퍼, 선착장 어느 곳에서나 구매할 수 있다.
요금 £8.40(성인; 오이스터 카드 지불 시 £6.50, TFL 트래블 카드 1/3 할인), £4.20(5~15세), 5세 이하 무료 홈페이지 www. thamesclippers.com

ℹ️ 그리니치 투어리스트 인포 메이션 센터 Greenwich Tourist Information Centre
관광 정보와 지도를 얻을 수 있으며 이용료를 지불하고 캐리어를 맡겨 둘 수 있다.
주소 Old Royal Naval College, King William Walk, SE10 9NN **위치** 도클랜즈 라이트 레일웨이(DLR)선 커티 삭(Cutty Sark) 역 **시간** 10:00~17:00 **휴무** 12월 24~26일 **홈페이지** www.visitgreenwich.org.uk **전화** 870-608-2000

Best Course

대중적인 코스

커티 삭
⊕
도보 4분
구 왕립 해군 대학
⊕
도보 2분
국립 해양 박물관

⊕
도보 11분
그리니치 천문대

⊕
도보 9분
그리니치 공원 & 원 트리 힐

도보 11분
그리니치 마켓
⊕
도보 1분
폴 로즈
⊕
런던 시내

백만 파운드의 차를 운반하던 선박
커티 삭 CUTTY SARK

주소 King William Walk, SE10 9HT **위치** 도클랜즈 라이트 레일웨이(DLR)선 커티 삭(Cutty Sark)역에서 도보 3분 **시간** 10:00~17:00 **요금** £12.15(성인), £6.30(아동) **홈페이지** www.rmg.co.uk/cutty-sark

1870년대 중국 차 무역을 위한 목적으로 설계된 티 클리퍼tea clipper 중 마지막으로 남아 있는 배로, 매번 백만 파운드의 차를 운반하며 열심히 일하던 선박이다. 2007년 화재로 손상됐지만 보수 후 2012년 4월 말 다시 공개됐다. 커티 삭에 오르면 선박의 역사와 140여 년간 실어 나른 품목들을 살펴볼 수 있다.

유서 깊은 대학교 캠퍼스
구 왕립 해군 대학 OLD ROYAL NAVAL COLLEGE

주소 King William Walk, SE10 9NN **위치** 도클랜즈 라이트 레일웨이(DLR)선 커티 삭(Cutty Sark)역에서 도보 2분 **시간** 10:00~17:00 **홈페이지** www.ornc.org **전화** 020-8269-4799

영국 로코코 양식의 위엄 있는 건물은 찰스 2세 때 지은 킹스 하우스를 전신으로 한다. 부상을 입은 해군들이 요양하며 머물던 곳으로, 1873년부터 영국 해군 대학교 건물로 쓰였다. 연회장으로 사용 중인 페인티드 홀 Painted Hall과 예배당Chapel만 일반에게 공개하며, 홈페이지에서 일정과 시간을 지정하여 예매할 수 있는, 아름다운 천장화를 더 가까이서 볼 수 있는 페인티드 홀 천장 투어도 진행한다(2019년 3월 보수 공사 완료 후 재개관 예정). 맥주 양조장도 갖추고 있어 크래프트 맥주를 마시고 넓은 학교 캠퍼스를 구경할 수 있다.

작지만 알찬 시장
그리니치 마켓 GREENWICH MARKET

주소 55 Greenwich Market, SE10 9HZ 위치 도클
랜즈 라이트 레일웨이(DLR)선 커티 삭(Cutty Sark)
역에서 도보 2분 시간 10:00~17:30 홈페이지 www.
greenwichmarket.london 전화 020-8269-5096

세계 문화유산으로 지정된 지역 내 자리한 영국 유일
의 마켓이다. 주얼리와 사진, 공예품과 먹고 마실 것
들을 판매한다. 빈티지 의류와 오래돼 색이 바랜 책,
도자기와 램프 등도 찾아볼 수 있다. 목, 금요일에는
앤티크와 수집품을 판매한다. 마켓 주변에 상권이 형
성돼 있어 시장에서 나와 주변 골목들의 상점을 구경
할 수 있다. 그리니치의 맛집들도 모두 마켓 주변에
모여 있어 무엇을 원하든 멀리 갈 필요가 없다.

경도 0°를 지나는 그리니치 자오선
그리니치 천문대 ROYAL OBSERVATORY

주소 Blackheath Avenue, SE10 8XJ 위치 도클랜즈 라이트 레일웨이(DLR)선 커티 삭(Cutty Sark)역에서 도
보 14분 시간 10:00~17:00 요금 천문대: £16(성인), £8(아동) / 천문대 + 커티 삭: £25(성인), £12.50(5~15
세), £15.50(학생) 홈페이지 www.rmg.co.uk/royal-observatory

과학에 관심이 많았던 찰스 2세에 의해 천문항해술 연구 목적으로 1675년에 설립됐다. 이 천문대의 자오
환을 지나는 자오선을 본초 자오선으로 지정해 경도 원점으로 삼았는데, 1930년대 런던 스모그가 심해지
며 관측소를 여러 번 이동해 현재는 케임브리지에 천문대 본부가 있지만 그리니치 천문대 명칭은 그대로 사
용한다. 갤러리와 교육 센터에는 정교한 망원경들을 비롯한 운석과 같은 천문학 관련 장비들이 전시돼 있
다. 천문관은 2017년 9월부터 매달 첫 번째 화요일에는 점검을 위해 개방하지 않는다.

 영국 해군과 해양 무역 관련 역사적 유물을 전시한 곳
국립 해양박물관 NATIONAL MARITIME MUSEUM

주소 Romney Road, SE10 9NF 위치 도클랜즈 라이트 레일웨이(DLR)선 커티 삭(Cutty Sark)역에서 도보 6분 시간 10:00~17:00 요금 영구 전시 무료 *홈페이지에서 예매 필요 홈페이지 www.rmg.co.uk/national-maritime-museum

해군 모형, 선박 설계도, 예술 작품 등 오랫동안 해양 강국이었던 영국의 해군과 해양 무역에 관련한 역사적 유물들을 전시한다. 영국 상선의 역사를 비롯해 해사에 대한 여러 지식을 얻어 갈 수 있으며 종종 특별 전시회를 연다. 박물관 건물 앞에 선박이 들어 있는 커다란 유리병 앞은 기념사진 포인트다. 1997년 유네스코는 그리니치 해양 박물관이 천문학과 항해술에 끼친 기여도를 높이 평가해 이곳을 세계 문화유산으로 지정했다.

 74ha에 달하는 아름다운 공원
그리니치 공원 & 원 트리 힐 GREENWICH PARK & ONE TREE HiLL

주소 Greenwich Park, SE10 8XJ **위치** 사우스이스턴(Southeastern)선 메이즈 힐
(Maze Hill)역에서 도보 6분 **시간** 6:00~18:00(1월, 2월, 11월, 12월), 6:00~19:00(3
월; 섬머타임 적용 시 6:00~20:00), 6:00~19:00(10월; 섬머타임 종료 시 6:00~18:00),
6:00~20:00(4월, 9월), 6:00~21:00(5월, 8월), 6:00~21:30(6월, 7월) **홈페이지** www.
royalparks.org.uk/parks/greenwich-park **전화** 0300-061-2381

그리니치 공원은 본래 사냥터로 쓰였던 곳으로, 런던의 왕립 공원 중 하나다. 런던 남동 지역에서 가장 큰 면
적의 공원이기도 하다. 천문대와 해양 박물관 모두 공원 내 위치한다. 높이가 그리 높지 않아 산책하듯 올라
가 볼 수 있고, 운이 좋으면 공원에서 서식하는 사슴들을 구경할 수 있다. 훌륭한 경치와 때로 열리는 야외 콘
서트, 공원 내에 위치한 노천 카페들로 쾌적하고 평화로운 공간이어서 많은 사람이 계절과 관계없이 찾는다.
공원 안에는 떡갈나무가 세워진 작은 언덕, 원 트리 힐이 있다. 이 언덕 꼭대기에 오르면 1759년 프렌치-인
디언 전쟁을 영국의 승리로 이끈 제임스 울프 장군의 동상General James Wolfe Statue을 만나게 된다.

 영국 귀족들이 오랫동안 아꼈던 나무
퀸 엘리자베스 나무 QUEEN ELIZABETH OAK

주소 Queen Elizabeth Oak, SE10 8XJ **위치 ❶** 도클랜즈 라이트 레
일웨이(DLR)선 커티 삭(Cutty Sark)역에서 도보 15분 **❷** 사우스이스턴
(Southeastern)선 메이즈 힐(Maze Hill)역에서 도보 15분

12세기부터 이 자리에 있었던 떡갈나무. 나무가 이미 400살 남짓이던 튜더 왕조 시대부터 왕가의 사랑을
듬뿍 받아 왔다. 헨리 8세가 앤 볼린과 이 나무 앞에서 춤을 췄다고도 하고, 엘리자베스 1세는 이 나무 그늘
아래에서 쉬는 것을 즐겼다고 한다. 지름이 6ft에 달했다고 하는데, 19세기에 수명을 다해 현재는 나무의 일
부만 있다. 이끼가 껴 예전의 모습을 찾아볼 수는 없지만 1992년 그 옆에 에든버러 공작이 이 떡갈나무를 기
리며 심은 어린 떡갈나무가 열심히 자라고 있다.

베이킹을 예술로 승화시킨 빵집
폴 로즈 PAUL RHODES

주소 37 King William Walk, SE10 9HU **위치** 도클랜즈 라이트 레일웨이(DLR)선 커티 삭(Cutty Sark)역에서 도보 2분 **시간** 7:00~16:00(월~목), 7:00~18:00(금), 7:30~18:00(토, 일) **홈페이지** paulrhodesbakery.co.uk **전화** 020-8858-8995

미슐랭 셰프 폴 로즈가 이름을 걸고 2003년 오픈한 빵집이다. 런던의 수많은 훌륭한 식당과 카페에 빵을 보급하는 믿을 만한 베이커리로 정평이 나 있다. 케이크와 페이스트리, 곡물빵 모두 잘한다. 샌드위치와 커피 등 주력하는 메뉴가 아닌 것들도 맛도 좋다. 세계 최고라 자부하는 브라우니가 대표라 하니 달콤한 것을 좋아한다면 먹어 보자. 베이킹의 전통과 정도를 지키는 것을 중시하며 이를 위해 특수한 돌 오븐을 따로 제작하여 폴 로즈의 베이커리류를 구워내고 있다. 자부심과 장인 정신으로 만들어내는 빵이 궁금하다면 가 보자.

1890년부터 성업 중인 그리니치 맛집
고더즈 앳 그리니치 GODDARDS AT GREENWICH

주소 22 King William Walk, SE10 9HU **위치** 도클랜즈 라이트 레일웨이(DLR)선 커티 삭(Cutty Sark)역에서 도보 3분 **시간** 10:00~19:30(일~목), 10:00~20:00(금~토) **홈페이지** www.goddardsatgreenwich.co.uk **전화** 020-8305-9612

파이와 매시트포테이토가 주 메뉴인 가족이 대를 이어 운영하는 그리니치 대표 맛집이다. 따끈하고 바삭한 파이는 모두 직접 매장에서 만들어 신선하고 건강하며 재료를 아낌없이 써 한 끼 식사로도 든든하다. 고기와 야채, 소스 등 들어가는 재료가 무척 다양하며 베지테리언 파이, 글루텐 프리 파이, 스테이크와 에일과 같이 주류를 넣은 독특한 메뉴도 있다. 가장 기본 메뉴인 소고기 파이는 100% 영국산 간 소고기를 사용해 만든다.

환상의 세계로 뛰어들다

 ## 워너 브라더스 스튜디오 투어 - 더 메이킹 오브 해리 포터
WARNER BROS. STUDIO TOUR LONDON - THE MAKING OF HARRY POTTER

런던 근교 리브스덴Leavesden에 위치한 워너 브라더스 스튜디오는 실제로 해리 포터 영화를 촬영했던 곳으로, 영화 시리즈가 종료된 후 전시관으로 대중에게 공개됐다. 촬영 기술과 사용했던 소품, 촬영 비하인드 스토리와 영화 속에서 보던 음식과 음료를 모두 보고 경험할 수 있으며 배우들이 직접 녹음, 녹화한 오디오, 비디오 가이드도 스튜디오 투어를 더욱 재미있게 만들어 준다.

주소 Studio Tour Drive, Leavesden WD25 7LR **시간** 8:30~22:00 *요일별로 오픈 시간과 마지막 투어 시간이 상이하니 홈페이지 스케줄표를 꼭 보고 예매 **요금** £43(16세 이상), £35(성인 동반 5~15세), £140(가족: 성인 2, 아동 2 또는 성인 1, 아동 3), 4세 이하 무료 **홈페이지** www.wbstudiotour.co.uk **전화** 345-084-0900

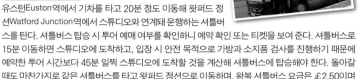

🚌 찾아가기

런던에서 워너 브라더스 스튜디오 가는 법

1 기차 + 셔틀버스

유스턴Euston역에서 기차를 타고 20분 정도 이동해 왓퍼드 정션Watford Junction역에서 스튜디오와 연계돼 운행하는 셔틀버스를 탄다. 셔틀버스 탑승 시 투어 예매 여부를 확인하니 예약 확인 또는 티켓을 보여준다. 셔틀버스로 15분 이동하면 스튜디오에 도착하고, 입장 시 안전 목적으로 가방과 소지품 검사를 진행하기 때문에 예약한 투어 시간보다 45분 일찍 스튜디오에 도착할 것을 계산해 셔틀버스에 탑승해야 한다. 돌아갈 때도 마찬가지로 같은 셔틀버스를 타고 왓퍼드 정션으로 이동하며, 왕복 셔틀버스 요금은 £2.50이며 현금으로만 지불할 수 있다. 스튜디오에서 출발하는 마지막 셔틀버스는 폐관 20분 전에 떠난다.

2 직행 버스

런던 기차의 공사 또는 폐업이 걱정되거나 환승하는 것, 도착 시간을 계산하는 것이 번거롭다면 직행 버스를 이용하자. 역시 스튜디오와 계약돼 있는 업체라 믿고 탈 수 있다. 공식 홈페이지를 통해 킹스크로스와 빅토리아역, 베이커 스트리트, 패딩턴역 중 한 곳을 선택해 탑승권과 스튜디오 입장권이 통합된 티켓을 구입하면 된다.

홈페이지 wbsstudiotour.gttix.com

3 프라이빗 투어

우편 번호가 SW1, SE1, EC1, EC2, EC3, EC4, WC1, WC2, WC1, WC2, NW1로 시작하는 주소에 한해 가능하다. 스튜디오와 연계돼 있는 업체에서 개별 픽업 서비스를 운영한다. 거리에 따라 요금이 상이하며 1~4인 기준 편도 £99 정도다.

Tip. 워너 브라더스 스튜디오 투어에서 놓칠 수 없는 재미!

1. 호그와트 교복을 입고 빗자루에 올라타 영화 배경과 합성한 기념사진 촬영하기
2. 버터 비어 마셔 보기(논알콜). 최근 버터 비어맛 아이스크림도 출시
3. 다이애건 앨리에서 올리밴더의 마법 지팡이 상점, 그린고츠 도깨비 은행, 위즐리 형제의 마법 소품 상점 등을 구경하기
4. 보라색 2층 나이트 버스와 해리 이모네 집 프리벳 드라이브 집 세트 구경하기
5. 영화에 나오는 모든 것을 실제로 구현해 판매하는 기념품 상점 방문하기. 해리 포터 시리즈의 팬이라면 이곳에서 재산을 탕진할 수도 있으니 예상치 못한 큰 지출을 조심
6. 시즌마다 진행하는 특별 이벤트 즐기기 위해 홈페이지를 주기적으로 확인(호그와트 학생이 된 것처럼 함께 그레이트 홀 대강당에 모여 아침 식사를 하는 투어라든지 크리스마스, 할로윈 파티 등 연중 내내 색다른 재미가 있는 특별한 일정 진행)

옥스퍼드

Oxford

평온한 대학 도시

런던에서 약 80km 떨어진 옥스퍼드는 케임브리지와 함께 영국을 대표하는 대학 도시로, 학구적이고 반듯한 분위기가 은근한 매력적이다. 잘 알려진 옥스퍼드 대학 출신으로는 애덤 스미스, 오스카 와일드, 스티븐 호킹, 빌 클린턴 전 대통령, J.R.R. 톨킨, T.S. 엘리엇, 루이스 캐럴이 있다. 관광청 홈페이지에서 다양한 시내 투어 서비스를 제공하고 있으니 확인해 보자.

비스터 빌리지
Bicester Village

애슈몰린 박물관
Ashmolean Museum

우스터 칼리지
Worcester College

베일리얼 칼리지
Balliol College

트리니티 칼리지
Trinity College

옥스퍼드 대학
University of Oxford

보들리언 도서관
Bodleian Library

뉴 칼리지
New College

지저스 칼리지
Jesus College

래드클리프 카메라
Radcliffe Camera

올 소울즈 칼리지
All Souls College

너필드 칼리지
Nuffield College

동정녀 성 마리아 대학 교회
University Church of St Mary the Virgin

퀸스 칼리지
The Queen's College

커버드 마켓
Covered Market

옥스퍼드 성
Oxford Castle

카팩스 타워
Carfax Tower

오리얼 칼리지
Oriel College

더 스토리 뮤지엄
The Story Museum

머튼 칼리지
Merton College

조지 & 댄버
George & Danver

톰 타워
Tom Tower

펨브로크 칼리지
Pembroke College

크라이스트 성당 대학
Christ Church College

앨리스 숍
Alice's Shop

폴리 다리
Folly Bridge

더 폴리
The Folly

교통편

런던에서 옥스퍼드 가는 법

① 열차

그레이트 웨스턴 레일웨이(Great Western Railway, GWR)선 패딩턴(Paddington)역에서 탑승해 옥스퍼드(Oxford)역 하차(약 1시간 소요). 칠턴 레일웨이즈(Chiltern Railways)선 매럴러번(Marylebone)에서 탑승해 옥스퍼드(Oxford)역 하차(약 1시간 소요).

② 버스

24시간 운행하는 럭셔리 코치 버스 X90은 15분 간격으로 출발한다. 홈페이지에서 런던 내 출발 지점을 설정하고 운행 루트를 검색할 수 있다(www.oxfordbus.co.uk). 스테이지코치Stagecoach 버스 회사 역시 빅토리아(Victoria)역과 옥스퍼드 루트를 운행하며 12~15분 간격으로 배차한다. 버스를 이용하면 보통 기차보다 1시간 더 소요돼 추천하지 않는다.

옥스퍼드 내 교통편

옥스퍼드는 그리 큰 도시가 아니라 걸어서 반나절이면 충분하다. 그래도 길을 헤매지 않고 원하는 옥스퍼드 시내 여러 명소를 모두 들르며 자유롭게 탑승과 하차가 가능한 투어 버스를 추천한다.

주소 Park End Street, OX1 요금 24시간권: £17(성인), £14.50(학생), £10(5~15세), £45(성인 2명, 아동 최대 3명의 가족)/ 48시간권: £20(성인), £17(학생), £12(5~15세), £53(성인 2명, 아동 최대 3명의 가족) 홈페이지 www.citysightseeingoxford.com 전화 01865-790-522

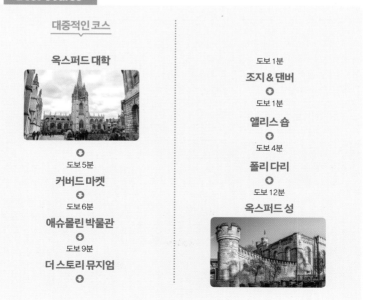

Best Course

대중적인 코스

옥스퍼드 대학

도보 5분

커버드 마켓

도보 6분

애슈몰린 박물관

도보 9분

더 스토리 뮤지엄

도보 1분

조지 & 댄버

도보 1분

앨리스 숍

도보 4분

폴리 다리

도보 12분

옥스퍼드 성

 세계적인 인물들을 배출한 영국에서 가장 오래된 대학
옥스퍼드 대학 UNIVERSITY OF OXFORD

홈페이지 www.ox.ac.uk

네 명의 영국 왕, 47명의 노벨상 수상자, 25명의 영국 수상, 28명의 외국 대통령과 수상, 7명의 성인, 86명
의 주교, 18명의 추기경, 1명의 교황을 배출한 엄청난 이력의 영국에서 가장 오래된 대학으로, 옥스퍼드 곳
곳에 위치한 무려 38개의 대학으로 이루어져 있다. 그러니 이 중 한 곳만을 가 보고 '옥스퍼드 대학을 전부
구경했다.' 하는 오류를 범하지 않기를 바란다. 루퍼트 머독, 스티븐 호킹, 휴 그랜트, 오스카 와일드와 같은
유명 인사들 역시 옥스퍼드 출신이다. 이렇게 걸출한 인사들이 교육을 받은 대학을 구성하는 다음과 같은
명소들은 꼭 둘러보자.

보들리언 도서관 BODLEIAN LIBRARY

영국에서 인쇄되는 모든 책을 기증받는, 영국에서 가장 오래된 도서관이자 대영 도서관의 뒤를 이어 두 번째로 규모가 큰 도서관이다. 영국 서적들 중 대부분의 초판을 소장하고 있으며 전체 소장 서적은 천백만 권에 달한다. 약 145km가 넘는 서가에 책과 함께 백만 점의 지도, 1만 5천 권의 필사본 그리고 음악 작품들까지 소장하고 있는 보들리언 도서관은 누구에게도 도서를 대여하지 않는 원칙으로 유명하다(찰스 1세마저도 책 한 권을 빌리려 했다가 거절당했다고 한다).

주소 Broad Street, OX1 3BG 위치 옥스퍼드(Oxford)역에서 도보 16분 시간 듀크 험프리 라이브러리 9:00~17:00(월~금), 리딩 룸 9:00~21:00 (월~금), 10:00~16:00 (토), 11:00~17:00 (일) 홈페이지 www.bodleian.ox.ac.uk/libraries/old-library 전화 01865-277-162

크라이스트 성당 대학 CHRIST CHURCH COLLEGE

1546년 설립된 옥스퍼드 대학들 중 가장 규모가 크고, 가장 귀족적이며 전통이 강한 대학이다. 화려한 스테인드글라스가 유명하며 건축미가 뛰어나 세계 여러 대학 건물이 참고했다고 한다. 영화 〈해리 포터 시리즈〉의 학교 식당 장면이 바로 이 성당 학생 식당을 모델로 삼았다. 유명 건축가 크리스토퍼 렌Christopher Wren이 설계한 톰 타워Tom Tower도 크라이스트 성당 대학에 속한다. 정원Quads, 수도원 안뜰Cloister, 강당 계단Hall Staircase, 강당Hall, 성당Cathedral 출입을 모두 허하는 입장권을 구매해 들어가 볼 수 있지만, 학교 행사와 시험 일정에 따라 일부는 개방하지 않을 수 있으니 확인해 보고 표를 사자. 학교 여러 공간의 개방 시간이 거의 매일 상이하니 역시 홈페이지에서 확인해 보자.

주소 St. Aldate's, OX1 1DP 위치 옥스퍼드(Oxford)역에서 도보 14분 요금 £16(성인), £15(학생), 5세 이하 무료 * 투어 예약은 홈페이지로 미리 해야 하며 방문 일정 기간에 따른 예매 기간이 따로 지정 되어 있으니 여행 일정이 정해졌다면 반드시 홈페이지에 바로 들러 가능한 예매 일정을 확인하도록 한다. 홈페이지 www.chch.ox.ac.uk 전화 01865-276-150

볼 것도 먹을 것도 많다

커버드 마켓 COVERED MARKET

주소 Market Street, OX1 3DZ 위치 옥스퍼드(Oxford)역에서 도보 14분 시간 8:00~17:30(월~토), 10:00~16:00(일) 홈페이지 oxford-coveredmarket.co.uk

익숙한 이름은 하나도 보이지 않지만 들어가 보고 싶은 작은 가게들이 모여 있는 실내 시장이다. 동전 수집 가를 위한 상점, 가죽 공예품 상점, 커피 로스터리, 파이 전문점, 모자 전문점, 베이커리, 신발 가게, 신선한 과일과 채소 가게 등 장르 구분 없이 한 걸음 한 걸음 새롭고 재미난 곳들이 많다. 대학을 보고 나서 마켓 구경을 하다 점심 식사를 하는 것을 추천한다.

옥스퍼드 1등 아이스크림

조지 & 댄버 GEORGE & DANVER

주소 94 St Aldate's, OX1 1BT 위치 옥스퍼드(Oxford)역에서 도보 14분 시간 11:00~19:00(월~수), 9:00~23:00(목~일) 홈페이지 www.gdcafe.com 전화 01865-245-952

직접 만든 아이스크림으로 유명한 카페다. 옥스퍼드 졸업생이 동네에 맛있는 아이스크림 가게가 없는 것을 깨닫고 그 필요성을 느껴 1992년 직접 차렸다. 그 후 오랫동안 옥스퍼드 사람들의 식사와 간식을 책임져 왔다. 커피와 매일 구워 내는 빵도 맛있다. 실험적인 맛들이 여러 개 있는데 작은 스푼으로 먼저 먹어 본 후 주문할 수 있도록 해 준다.

책 속으로 빠져 들어간 것 같은 곳
앨리스 숍 ALICE'S SHOP

주소 83 St Aldate's, OX1 1RA **위치** 옥스퍼드(Oxford)역에서 도보 14분 **시간** 10:30~17:00(일~금), 10:00~18:00(토) **휴무** 12월 25~26일 **홈페이지** aliceinwonderlandshop.com **전화** 01865-240-338

옥스퍼드 대학 중 하나인 크라이스트 성당 대학에서 수학을 가르쳤던 루이스 캐럴이 《이상한 나라의 앨리스》를 집 필했기에, 옥스퍼드를 대표하는 캐릭터 중 하나가 바로 앨리스다. 앨리스를 모델로 한 다양한 제품 을 판매하는 상점으로, 규모는 그리 크지 않지만 트럼프 카드, 각종 필기, 문구류, 사진과 엽서, 책 과 인형 등 갖고 싶은 귀여운 물건들이 많다. 여 러 출판사의 다양한 버전 《이상한 나라의 앨리 스》책도 물론 판매한다. 크라이스트 성당 대학 바로 앞에 위치한다. 상점 내 부는 촬영이 금지돼 있어 앨리스 숍 에서 판매하는 아기자기한 수많은 소품을 보려면 직접 방문하는 수밖 에 없다.

이야기와 관련한 모든 것
더 스토리 뮤지엄 THE STORY MUSEUM

주소 42 Pembroke Street, OX1 1BP **위치** 옥스퍼드(Oxford)역에서 도보 13분 **시간** 9:30~16:30(화~일) **홈페이지** www.storymuseum.org.uk **전화** 01865-790-050

어떤 이야기라도 이 박물관에서는 모두 환영 받는다. 특히 아이들이 좋아할 만한 여러 종류의 이야기들을 책, 연극, 그림, 설치 미술, 인형 놀이 등 다양한 매개를 통해 전하는 것에 중점을 두고 연중 다양한 행사와 공 연을 진행한다. 직접 참여할 수 있는 워크숍과 이벤트가 거의 매일 열리며 박물관 한편에는 동화책의 페이 지를 펼쳐 놓은 듯 아기자기하게 꾸며 놓은 카페도 있다. 어린 아이들이 있는 가족이 특히 많이 방문한다.

많은 문학 작품의 영감이 되어 준 곳
폴리 다리 FOLLY BRIDGE

주소 Abingdon Road, OX1 4JU 위치 옥스퍼드(Oxford)역
에서 도보 18분

1827년 완공된 긴 역사의 돌다리. 다리 가운데에는 섬이
있으며 섬 위에는 다리와 템스강 전망을 감상하며 식사할
수 있는 더 폴리The Folly라는 레스토랑이 있다. 폴리 다리에서 출발하는 보트 여행 이야기가《이상한 나라
의 앨리스》에 실렸으며 이를 비롯해 여러 영국 문학 작품에서 배경으로 등장해 더욱 잘 알려졌다.

과거의 위엄을 짐작할 수 있는 중세 성
옥스퍼드 성 OXFORD CASTLE

주소 OXI 1BY 위치 옥스퍼드(Oxford)역에서 도보 8분 시간 첫 투어
10:30, 마지막 투어 16:30 (월~목) (30분 간격으로 투어 진행) / 첫 투어
10:00, 마지막 투어 17:00 (금~일) (20분 간격으로 투어 진행) 투어 요
금£15.25(성인), £9.95(60세 이상, 학생), 5세 이하 무료 휴무 12월
24~25일 홈페이지 www.oxfordcastleandprison.co.uk

11세기에 세워진 성으로, 1888년부터는 감옥으로 사용하다
1996년 폐쇄됐다. 현재는 쇼핑, 문화, 숙박을 모두 겸하는 다목적
단지로 정부 주도하에 재개발됐다. 호텔과 식당, 상점들이 들어서 있다. 성 안에서 식사를 하고 잠을 청하는
독특한 경험을 하고 싶다면 말메종 호텔 옥스퍼드Malmaison Hotel Oxford를 예약해 보자. 성의 역사를 자
세히 안내하는 가이드 투어도 진행한다.

여러 장르의 미술품을 전시한 곳
애슈몰린 박물관 ASHMOLEAN MUSEUM

주소 Beaumont Street, OX1 2PH **위치** 옥스퍼드(Oxford)역에서 도보 11분 **시간** 매일 10:00~17:00 **요금** 무료(홈페이지에서 예약 필수) **홈페이지** www.ashmolean.org **전화** 01865-278-000

최초의 근대 박물관 중 하나로 꼽히는 옥스퍼드 대학 부속 박물관이다. 1677년 애슈몰이 기증한 수집품을 바탕으로 하여 1683년 공공 미술관으로 개관했다. 영국에서 가장 오래된 공공 미술관이다. 1908년 자연 과학과 인류학관을 분리하고 미술과 고고학 전문 박물관으로 재개관했다. 고대 이집트 유물, 그리스 크레타섬의 출토품, 초기 이탈리아 회화 등이 대표 전시품이다. 프랑스 인상주의 화가 카미유 피사로의 〈비오는 날의 튈르리 정원〉과 〈바느질하는 피사로 부인〉이 특히 유명하다.

런던 근교 아웃렛 쇼핑몰
비스터 빌리지 BICETER VILLAGE

주소 50 Pingle Drive, Bicester OX26 6WD **위치** ❶ 매럴러번(Marylebone)역에서 칠턴 레일웨이즈(Chiltern Railways)를 타고 옥스퍼드를 지나 비스터 빌리지(Bicester Village)역 하차 후 버스로 이동 ❷ 홈페이지에서 쇼퍼나 택시 등 예약 **시간** 9:00~21:00(월~토), 10:00~19:00(일) **홈페이지** www.thebicestercollection.com/bicester-village/en **전화** 01869-366-266

130여 개의 브랜드 상점이 모여 있는 아웃렛 단지다. 런던에서 가장 가까운 대형 아웃렛 쇼핑몰이다. 최대 60%의 할인율을 자랑하며 잘 고르면 아주 만족스러운 득템을 할 수 있다. 신진 브랜드들이 종종 팝업 스토어를 열기도 하고 여름에는 음악 공연도 감상할 수 있어 지루하지 않다. 다양한 종류의 부담 없는 가격대의 카페와 식당도 몇 개 있다. 일요일에는 버버리, 코치, 디올, 돌체 앤 가바나, 보스, 구찌, 마이클 코어스, 폴로 랄프 로렌, 프라다와 토즈가 오전 11시 30분에 문을 열고 오후 6시에 닫는다.

코츠월드 COTSWOLDSotswolds

하나의 마을이 아니라 여러 개의 작은 마을이 모여 있는 일대를 칭한다. 6개의 자치주로 구성돼 있다. 자동차를 렌트하지 않으면 대중교통을 이용해서 하루 안에 주요 마을들을 모두 보는 것이 불가능해 많은 여행객은 런던에서 출발하는 코츠월드 투어 상품으로 다녀온다. 102마일에 달하는 코츠월드 전 지역을 아우르는 산책로가 조성돼 있지만 쉬지 않고 한 번에 완주하기는 아무래도 어렵다. 지역의 역사와 문화, 특징 등을 자세히 알려 주는 가이드가 동행하고 교통편도 걱정할 필요가 없어 이동이 많은 코츠월드 여행은 한인 투어 에이전시를 통하는 것이 편리하다.

홈페이지 www.cotswolds.com

 코츠월드에서 꼭 볼 마을
버튼온더워터 BOURTON-ON-THE-WATER

버튼온더워터 관광 사무소 주소 Victoria Street, Bourton-on-the-Water, GL54 2BU 홈페이지 www.bourtoninfo.com 전화 01451-820-211

더 모델 빌리지 주소 Rissington Road, Bourton-on-the-Water, GL54 2AF 시간 10:00~18:00(하절기), 10:00~16 :00(동절기) 휴무 12월 25일 요금 £4.50(성인), £3.50(3~13세), £4(60세 이상), 3세 미만 무료 홈페이지 theoldnewinn.co.uk/model-village 전화 01451-820-467

영국의 베니스라 불리는 버튼온더워터는 영국 사람들이 은퇴 후 가장 살고 싶은 동네라 말하는 곳이다. 버튼온더워터에 있는 더 모델 빌리지The Model Village도 놓치지 말자. 꿀처럼 달콤한 색이 특징인 이 소박한 농가 마을은 동네 주민들이 5년 동안 만든 것으로, 1937년 조지 6세와 엘리자베스 여왕의 즉위식 날 대중에게 개방됐다. 2014년 각각 12개월의 제작 기간을 거친 전통 영국식 농가 건물 7개로 구성된 미니어처 전시가 새롭게 공개됐다.

스트랫퍼드어폰에이번
Stratford-upon-Avon

미클턴
Mickleton

블로클리
Blockley

모어튼인마시
Moreton-in-Marsh

스토온더월드
Stow-on-the-Wold

나운튼
Naunton

로우어 슬로터
Lower Slaughter

킹햄
Kingham

버튼온더워터
Bourton-On-The-Water

체드워스
Chedworth

페인스윅
Painswick

바이버리
Bibury

시런세스터
Cirencester

페어퍼드
Fairford

영국에서 가장 아름다운 마을
바이버리 BIBURY

주소 Cirencester, Gloucestershire, GL7 5NW(가장 가까운 관광 사무소) **홈페이지** www.bibury.com

영국의 화가 윌리엄 모리스William Morris가 영국에서 가장 아름다운 마을이라 부른 곳으로 콜른강River Coln 변에 위치한 석조 건물들이 인상적이다. 영국 여권에도 등장하는 알링턴 로Arlington Row 대로는 영국에서 가장 사진이 많이 찍히는 예쁜 거리로 소문이 자자하다. 수도원 양털 상점들이 있던 골목으로 14세기에 조성됐으며 17세기에는 직물 공예인들이 거주했었다. 현재는 영국의 자연 보호, 사적 보존을 위한 민간 단체 내셔널 트러스트National Trust에서 관리한다. 직접 낚시도 할 수 있는 송어 농장이 유명하다.

윌리엄 셰익스피어의 탄생지
스트랫퍼드어폰에이번 STRATFORD-UPON-AVON

홈페이지 www.visitstratforduponavon.co.uk

엄밀히 말하면 코츠월드에 속하는 동네는 아니지만 영국을 대표하는 대문호 윌리엄 셰익스피어의 탄생지로, 코츠월드와 무척 가까워 이 지역을 여행할 때 함께 돌아보면 좋다. 그의 생가는 현재 박물관으로 대중에게 개방돼 있고, 연기자들이 박물관 곳곳에서 그의 작품 한 장면들을 쉴 새 없이 연기한다. 셰익스피어의 특정 작품을 요청하면 그 자리에서 작품을 연기하거나 시나 글을 낭송한다. 외곽에는 셰익스피어의 어머니와 아내가 처녀 시절에 살았던 '메리 아든의 집'과 '앤 해서웨이의 집'이 있어 작가의 팬들은 놓치지 않고 꼭 방문한다. 훌륭한 작품을 매년 제작하는 것으로 유명한, 1879년 창설된 긴 역사의 로열 셰익스피어 컴퍼니Royal Shakespeare Company 극단의 본부도 스트랫퍼드어폰에이번에 있다. 매년 30회 이상의 공연을 강변에 있는 극장에서 진행한다.

 가족이 운영하는 향기로운 보랏빛 농장
메이필드 라벤더 MAYFIELD LAVENDER

주소 1 Carshalton Road, Banstead, SM7 3JA **시간** 6월 중순~8월 **요금** £4.50(성인), 14세 이하 무료
홈페이지 www.mayfieldlavender.com **전화** 07503-877-707

뛰어들어 뒹굴고 싶은 온통 보랏빛의 아름다운 라벤더 꽃밭은 런던에서 차로 15분 거리에 위치한다.
이 농장은 가족이 10년 넘게 운영하고 있는 곳으로, 라벤더를 주 재료로 하는 다양한 제품도 판매하며
방문해 찍은 사진 중 최고를 가리는 사진 콘테스트도 주최하는 등 농장 문을 활짝 열고 손님들을 반가이
맞아 준다. 물론 라벤더꽃도 구입할 수 있으며 2파운드에 트랙터를 타고 돌아보는 투어도 진행한다. 라
벤더 개화 시기인 6월부터 8월 초 사이 런던을 여행하고 꽃을 좋아한다면 꽃 향기를 맡으러 다녀와 보
자. 보라색 꽃밭에서 사진을 찍으면 잘 나올 옷을 입고 가면 더 좋다. 라벤더밭 한가운데에 놓인 빨간 영
국 전화 박스가 베스트 포토 장소. 농장 내 카페는 있으나 별도로 음식을 가져와 피크닉은 할 수 없다.

🚗 **런던 시내에서 메이필드 라벤더 농장 가는 법**

❶ 빅토리아(Victoria)역 → 웨스트 크로이던(West Croydon)역까지 기
  차로 이동해 166번 버스 탑승 후 농장 앞에서 하차
❷ 빅토리아(Victoria)역 → 서턴(Sutton)역까지 기차로 이동해 S1버스
  타고 밴스테드(Banstead) 정류장 하차 후 166번 버스로 환승해 농
  장 앞에서 하차
❸ 빅토리아(Victoria)역 → 펄리(Purley)역까지 기차로 이동해, 길 건너 166번 버스 타고 오크 파크
  (Oaks Park)정류장에서 하차 후 농장 상점 앞에서 하차
❹ 빅토리아(Victoria)역 → 서턴(Sutton)역 또는 침(Cheam)역까지 기차로 이동해 택시로 농장까지
  이동

케임브리지

Cambridge

흐드러지게 핀 꽃밭과 넘실거리는 강물의 한적한 대학가

케임브리지는 옥스퍼드에 비해 자연 과학 분야에 더욱 중점을 두어 스티븐 호킹, 찰스 다윈 등 세계적인 물리, 화학 분야의 인재들을 양성한 도시다. 도시 중앙을 가르는 캠강River Cam을 따라 산책하는 것은 이곳에서 빼놓을 수 없는 경험으로, 물소리를 들으며 아름다운 대학 도시의 풍경을 감상해 보자.

케임브리지

레스토랑 22
Restaurant 22

웨스트민스터 칼리지
Westminster College

매그덜린 칼리지
Magdalene College

지저스 칼리지
Jesus College

탄식의 다리
Bridge of Sighs

세인트 존스 칼리지
St John's College

애프터눈 티즈
Afternoon Tease

트리니티 칼리지
Trinity College

마켓 스퀘어
Market Square

케임브리지 대학
University of Cambridge

이매뉴얼 칼리지
Emmanuel College

킹스 칼리지
King's College

세인트 캐서린 칼리지
St Catharine's College

수학의 다리
Mathematical Bridge

퀸스 칼리지
Queens' College

피츠윌리엄 박물관
Fitzwilliam Museum

케임브리지 대학 식물학 정원
University of Cambridge Botanic Gardens

런던에서 케임브리지 가는 법

① 열차

킹스크로스(King's Cross)나 리버풀 스트리트(Liverpool Street)역에서 탑승해 케임브리지(Cambridge)역에서 하차(약 1시간 소요) 후 시내 중심부까지는 Citi 1, Citi 3, Citi 7 버스 중 하나를 타고 이동

② 버스

내셔널 익스프레스National Express 코치 버스를 이용해 런던 여섯 개 정류장에서 출발(약 2~4시간 소요)

케임브리지 내 교통편

옥스퍼드와 마찬가지로 걸어서 충분한 작은 동네지만 많이 걷는 것이 싫다면 시내버스를 이용하면 된다. 케임브리지 내 버스 노선과 시간표는 홈페이지에서 확인할 수 있다(transport.cambridgeshirepeterborough-ca. gov.uk/buses/bus-timetables/). 자유롭게 타고 내리며 시내 주요 명소를 돌아볼 수 있는 투어 버스를 이용해도 좋다.

투어 버스

주소 Silver Street, CB3 9EL **요금** £21.05(성인), £14.04(아동), £17.22(60세 이상, 학생) **홈페이지** city-sightseeing.com/en/87/cambridge **전화** 01708-866-000

* 케임브리지에서 보내는 시간이 길다면 관광 사무소에 문의해 자전거를 대여하고 케임브리지 시내 밖 근교까지 이어지는 자전거 루트 8개 중 하나를 택해 돌아보는 것도 좋다.

Best Course

대중적인 코스

피츠윌리엄 박물관
⊕
도보 13분
케임브리지 대학

⊕
도보 10분
애프터눈 티즈
⊕
도보 10분

펀팅 투어로 탄식의 다리와 수학의 다리(캠 강 구경)

⊕
도보 9분
마켓 스퀘어

 유명 인사들을 배출한 유서 깊은 대학
케임브리지 대학 UNIVERSITY OF CAMBRIDGE

홈페이지 www.cam.ac.uk

케임브리지 대학 역시 옥스퍼드처럼 단일 대학이 아니라 여러 개의 대학으로 이루어져 있는 대형 캠퍼스를 가지고 있다. 옥스퍼드 못지않게 뉴턴, 다윈, 존 밀턴, 비트겐슈타인, 프랜시스 베이컨, 존 메이너드 케인스와 같은 유명 동문들을 포함해 15명의 영국 수상, 25명의 해외 대통령을 배출했다.

· 케임브리지 대학 ·
INSIDE

 ## 트리니티 칼리지 TRINITY COLLEGE

뉴턴, 바이런, 찰스 황태자가 이곳에서 수학했으며 뉴턴이 만유인력의 법칙을 발견한 곳으로 알려져 있다. 학부생 600명, 대학원생 300명이 재학하는, 옥스퍼드와 케임브리지를 통틀어 가장 규모가 큰 단과 대학이다. 크리스토퍼 렌이 설계한 렌 도서관Wren Library이 특히 유명한데, 월~금요일 오후 열두 시부터 두 시까지 짧은 시간 동안만 개방되며 한 번에 들어갈 수 있는 인원이 정해져 있는데 2020년부터는 무기한으로 대중에게 개방이 되지 않고 있다. 1695년 완공돼 수많은 고서가 쌓여 있는 트리니티의 보물이다. 1,250여 권의 중세 문서도 보관돼 있다. 뉴턴의《자연 철학의 수학적 원리》, A.A. 밀른의《위니 더 푸Winnie the Pooh》와 같은 유명한 책들의 초판도 유리관 안에 보관돼 있다.

주소 Trinity Street, CB2 1TQ 위치 케임브리지(Cambridge)역에서 하차 후 City 1 버스 타고 5 정거장(20분)
홈페이지 www.trin.cam.ac.uk 전화 01223-338-400

킹스 칼리지 KING'S COLLEGE

1441년 헨리 6세가 설립한 단과 대학으로, 고딕 양식으로 지어진 아름다운 천장과 스테인드글라스의 킹스칼리지 부속 교회(킹스칼리지 채플Kings College Chapel)가 대학보다도 더 유명하다. 루벤스의 대작 〈동방 박사의 경배Adoration of the Magi〉를 전시하고 있다.

주소 King's Parade, CB2 1ST **위치** 케임브리지(Cambridge)역에서 하차 후 City 1 버스 타고 4 정거장(18분) **시간** 학교 행사와 시험 일정에 따라 학교 곳곳이 구분돼 따로 개방되니 홈페이지에서 시간 확인 **요금** £11(성인), £8.50(아동) **홈페이지** www.kings.cam.ac.uk **전화** 01223-331-100

 ## 세인트 존스 칼리지 ST. JOHN'S COLLEGE

1511년에 설립됐으며 대학 안에 강을 두고 설계됐다. 강을 건너는 다리들 중 베네치아에 있는 것을 모방해 지은 탄식의 다리가 특히 유명하다.

주소 St John's Street, CB2 1TP **위치** 케임브리지(Cambridge)역에서 하차 후 버스웨이 루트 유(Busway Route U) 타고 12 정거장(19분) **홈페이지** www.joh.cam.ac.uk **전화** 01223-338-600
*현재 대중에게 개방 하지 않고 있음

 ## 퀸스 칼리지 QUEENS' COLLEGE

'왕비들의 대학'이라는 이름답게(헨리 6세와 에드워드 4세의 부인들이 세웠다) 가장 화려한 외관을 가진 케임브리지 대학이다. 캠퍼스 안을 지나는 강 위에 놓인 수학의 다리는 못을 사용하지 않고 지었다고 하여 유명하며, 킹스칼리지와 비교해 아기자기하고 꽃이 많아 여성스러움이 가득한 캠퍼스라 무척 예쁘다.

주소 Silver Street, CB3 9ET **위치** 케임브리지(Cambridge)역에서 하차 후 버스웨이 루트 유(Busway Route U) 타고 7 정거장(12분) **홈페이지** www.queens.cam.ac.uk **전화** 01223-335-500
*현재 대중에게 개방 하지 않고 있음

 ## 케임브리지 대학 식물학 정원 UNIVERSITY OF CAMBRIDGE BOTANIC GARDENS

16만 m2에 8천여 종의 식물이 피어난 모습을 감상할 수 있는, 케임브리지 대학의 식물학 교수 존 스티븐스John Stevens가 조성한 식물학 정원이다. 1846년부터 대중에게 개방해 왔으며 16세 이하는 무료 입장이 가능하다.

주소 1 Brookside, CB2 1JE **위치** 케임브리지(Cambridge)역에서 하차 후 City 1 버스 타고 1 정거장(10분) **시간** 10:00~16:00(1, 11, 12월), 10:00~17:00(2, 3, 10월), 10:00~18:00(4~9월) **요금** £6.80(성인), £5.50(65세 이상, 학생), 16세 이하 무료 **홈페이지** www.botanic.cam.ac.uk **전화** 01223-336-265

 베네치아의 다리에서 이름을 따온 다리
탄식의 다리 BRIDGE OF SIGHS

주소 St John's College, CB2 1TP **위치** 케임브리지(Cambridge)역에서 하차 후 City 1 버스 타고 5 정거장(19분) **홈페이지** www.joh.cam.ac.uk/bridge-sighs

세인트 존스 칼리지St John's College에 소속된 다리로 1831년에 완공됐다. 케임브리지 학생들이 시험 기간이 되면 이 다리에서 한숨을 푹푹 쉬고 갔기 때문에 불리기 시작했다는 말도 있지만, 베네치아에 있는 탄식의 다리 이름을 따서 붙인 것이라고 한다. 두 다리는 건축학적으로는 닮은 점이 거의 없다. 빅토리아 여왕이 케임브리지에서 가장 좋아했던 장소로 잘 알려져 있으며 오늘날에도 관광객들이 꼭 보고 가는 명소다. 1963년과 1968년 학생들이 몰래 자동차를 다리 밑에 매달아 두는 장난을 쳤던 것이 두고두고 회자되고 있지만 두 번 모두 다리에는 다행히 피해가 없었다.

직선으로 만든 곡선 다리
수학의 다리 MATHEMATICAL BRIDGE

주소 Mathematical Bridge, CB3 9ET **위치** 케임브리지(Cambridge)역에서 하차 후 City 1 버스 타고 4 정거장(21분) **홈페이지** www.queens.cam.ac.uk/visiting-the-college/history/college-facts/ mathematical-bridge

1749년에 지은 길이 12m의 목조 다리로, 퀸스 칼리 지의 두 건물을 잇는다. 공식적인 이름은 나무 다리 Wooden Bridge지만 모두가 '수학의 다리'라 부른 다. 1866년, 1905년 두 번 보수 공사를 거쳤지만 원 래 설계는 철저히 지켰다. 아치 모양을 하고 있지만 직선으로 된 부분들만 이어 만든 것이 특징이며 똑똑 하고도 독창적인 설계로 인해 수학의 다리라는 별칭 을 갖게 됐다. 아이작 뉴턴이 설계해 원래는 각 부분 을 못으로 박지 않고 만들 수 있었다는 설도 있지만 입증된 바는 없다.

도시 한복판에 매일 열리는 시장
마켓 스퀘어 MARKET SQUARE

주소 Market Hill, CB2 3NX **위치** 케임브리지(Cambridge)역에서 하차 후 City 1 버스 타고 5 정거장(16분) **시 간** 8:30~16:00(금~토) / 공예품 시장: 10:00~16:00(일) **홈페이지** www.instagram.com/market_square_ coffee_and_cake/

토요일까지는 의류, 잡화, 레코드판, 주얼리, 신선한 과채, 중고 자전거, 화분 등 없는 것 없이 이것저것 전 부 다 가지고 나와 판매하는 일반 장이 서고, 일요일에는 지역 농부들이 판매하는 신선한 과채와 함께 손 재주를 뽐내러 온 아티스트들의 공예품 장이 선다. 사진과 회화, 조각 등 다양한 종류의 작품들을 구경할 수 있다. 규모가 그리 크지는 않지만 광장을 꽉 채울 정도로, 또 동네 사람들이 매일 나와 장을 보는 대표 적인 곳으로 한 바퀴 돌아볼 만하다. 마켓 스퀘어 외 트리니티 스트리트Trinity Street에서도 토요일마다 (10:00~16:00) 정원 공예품 시장을 주최한다.

 걷다가 지치면 보트에 올라타자
펀팅 PUNTING

직사각형 형태의 바닥이 평평한 보트를 '펀트punt'라 부르는데, 작은 강이나 수심이 얕은 물을 건너는 데 주로 이용한다. 펀트를 타는 것을 '펀팅'이라 하며 케임브리지의 명물 중 하나로 꼽는다. 1900년대 초반부터 케임브리지에서 유행하기 시작해 현재까지도 무척 사랑받고 있다. 캠강River Cam 가에 펀팅 투어를 제공하는 업체가 여럿 있으며 요금은 거의 동일하니 시간대와 타고 내리는 정류장 위치를 보고 편한 곳을 선택해 타 보도록 한다. 몇몇 대학은 학생들만 탈 수 있는 펀트를 운영하기도 하지만 대부분 관광객용이다. 힘차게 노를 저으며 케임브리지 대학과 지역의 역사, 비하인드 스토리, 옥스퍼드와의 라이벌 관계, 행사와 문화 이야기 등 쉴 새 없이 재미나게 말하는 케임브리지 청년 사공들은 펀팅의 재미를 배가 시켜 준다. 옥스퍼드에서는 케임브리지만큼 펀팅을 즐기지 않고 보호된 그린벨트 지역의 깊고 진흙이 많은 처웰강River Cherwell 주변에서 아주 드물게 하는 것이 전부니 케임브리지를 여행할 때 경험해 보도록 하자.

위치 캠강 주변 곳곳 **시간** 9:30~18:00 **요금** £25성인)

이집트, 그리스, 로마 유물이 가득한 곳
피츠윌리엄 박물관 FITZWILLIAM MUSEUM

주소 Trumpington Street, CB2 1RB **위치** 케임브리지(Cambridge)역에서 도보 21분 **시간** 10:00~17:00(화 ~토), 12:00~17:00(일) **휴관** 성금요일, 12월 24~26일, 1월1일 **요금** 무료 **홈페이지** www.fitzmuseum.cam. ac.uk **전화** 01223-332-230

1816년 피츠윌리엄 자작Viscount Fitzwilliam이 기증한 소장품을 보관할 목적으로 설립한 박물관으로, 고대 이집트와 그리스·로마의 유물을 비롯해 방대한 고고학 자료와 예술품, 과학 기구 등을 전시한다. 이탈리아 초기 회화와 인상파 작품들이 특히 유명하다.

특별한 날을 위한 특별한 레스토랑
레스토랑22 RESTAURANT 22

주소 22 Chesterton Road, Cambridge, CB4 3AX **위치** 케임브리지(Cambridge)역에서 도보 35분 또는 차로 8분, Citi1 버스로 24분 **시간** 12:00~13:30, 18:00~20:45(수~토) **홈페이지** www.restaurant22.co.uk **전화** 01223-351-880

40년 전 개업해, 고풍스러운 빅토리아 시대 타운 하우스에 자리한 파인 다이닝 레스토랑이다. 모던한 영국식 요리를 선보이며 모든 식재료는 케임브리지 부근에서 공수해 무척 신선하고 지역적, 계절적 특징을 띤다. 요리와 잘 어울리는 와인 메뉴도 추천한다. 매주 메뉴가 바뀌며, 주민들의 특별한 날 1순위로 꼽히는 특별한 식당으로 사랑받고 있다.

HOTEL

추 천 숙 소

즐거운 여행을 위해 숙소는 매우 중요하다. 호스텔, 게스트 하우스 등 저렴한 숙소부터 고급 호텔과 리조트까지 자신의 여행 스타일에 맞는 숙소 고르는 방법과 다양한 숙소를 알아본다.

무엇을 보고 무엇을 먹는지, 어디를 어떻게 가고 누구를 만나는지만큼이나 중요한 여행의 요소는 바로 숙소다. 평소보다 바쁘게, 빠르게 움직이고 새로움으로 가득한 하루를 마친 후 고단한 몸을 누일 곳은 여행 일정만큼이나 꼼꼼하게 살펴보고 결정해야 한다. 여행자의 선호도와 중요도를 고려해 다양한 종류의 숙소를 선택하자. 에너지 넘치는 다음 날을 만들어 줄 편안한 휴식과 알찬 정보를 제공해 줄 런 최고의 숙소들을 추천한다.

호텔 고르는 팁

인터넷을 통해 호텔을 예약하는 방법은 여행사 홈페이지에서 해외 호텔 메뉴를 선택할 수도 있지만, 호텔 예약만 전문으로 하는 사이트들을 이용하는 것이 보다 저렴하고, 선택할 수 있는 호텔의 폭도 넓다. 아고다, 부킹닷컴, 호텔스닷컴 등과 같이 호텔 예약을 전문으로 하는 사이트를 이용하면 개별적인 호텔 예약 사이트를 하나하나 들어가는 것보다 수월하다. 그러나 호텔 자체적으로 진행하는 프로모션 행사를 이용하면 직접 예약하는 것이 더 저렴하고, 예약 사이트를 주기적으로 이용해 적립금이나 회원 등급을 쌓으면 이에 대한 혜택을 볼 수도 있으니 편의에 따라 선택하면 된다.

호텔 예약 시 주의 사항

가장 주의해야 할 것은 취소 규정이다. 기본적으로 호텔 숙박일 일주일 ~3일 전부터는 취소 수수료가 발생하며 당일 취소의 경우 100% 취소 수수료가 있어 환불받을 수 없는 것이 일반적이다. 뿐만 아니라 숙박일 변경, 조식 등의 추가 옵션들도 해당 규정을 살펴보아야 한다. 특히 특가 이벤트 등으로 파격적인 요금으로 예약하는 경우는 취소 규정이 더 까다로워지기 때문에 예약하는 과정에서 명시되는 내용을 꼼꼼히 확인해야 한다.

개성 넘치고 고급스러운 부티크 호텔

런던까지 와서 한국인지 영국인지 알 수 없는 똑같은 호텔 방에서 머물기를 거부하는 개성파 여행객들을 위한 완벽한 숙소가 바로 디자인 & 부티크 호텔이다. 호텔 안에서도 모든 객실 인테리어가 다른 경우가 많으며 대형 5성급 호텔에 비해 객실 수가 적어 더욱 세심한 서비스를 기대할 수 있다. 유명 디자이너들이 인테리어에 참여하거나 건물 자체만으로도 예술품이라 할 수 있는 혁신적인 호텔에서 묵게 된다면 시내로 나가는 발걸음이 쉽게 떨어지지 않을 것이다.

더 엠퍼샌드 호텔 THE AMPERSAND HOTEL

주소 10 Harrington Road, SW7 3ER **위치** 사우스 켄싱턴(South Kensington)역에서 도보 1분. **홈페이지** www.ampersandhotel.com **전화** 020-7589-5895

사우스 켄싱턴역에서 나와 바로 마주하는 위엄 있는 건물은 1889년에 지어진 빅토리아 시대풍의 더 엠퍼샌드 호텔이다. 빅토리아 & 앨버트 박물관과 해로즈 등 여러 명소와 가까우며 왕궁을 방불케 하는 고급스러운 화려함의 극치를 자랑하는 객실 인테리어와 여행의 모든 면을 세심하게 챙기는 디테일한 서비스로 사랑받는다. 로맨틱하고 세련된 분위기로 특히 커플 여행자들에게 인기가 많다. 침대 옆 창가에 놓인 욕조에서 하루의 피로를 완전히 씻어 낼 수 있으며 욕실에 따라 대형 샤워 시설도 마련돼 있다. 엠퍼샌드의 지중해풍 레스토랑과 칵테일 바, 와인 룸과 애프터눈 티로 특히 유명한, 채광 좋은 프렌치 스타일의 1층 카페도 있다. 24시간 헬스장과 미팅 룸, 게임 룸이 있으며 1:1 트레이닝, 승마 등 런던에서 할 수 있는 수많은 액티비티와 즐길 거리에 대한 정보 또한 제공해 특별한 여행을 만드는 데 크게 일조하는 스태프들이 인상적이다. 24시간 룸서비스와 무료 미니바도 즐겨 보자. 몇몇 객실은 주방 설비를 갖추고 있다.

시티즌엠 타워 오브 런던 호텔 CITIZENM TOWER OF LONDON HOTEL

주소 40 Trinity Square, EC3N 4DJ **위치** 런던 탑(Tower of London)에서 도보 1분 **홈페이지** www.citizenm.com/hotels/europe/london/tower-of-london-hotel **전화** 020-3519-4830

런던 탑의 환상적인 뷰를 침대에 누워서 볼 수 있는 호텔이다. 총 370개 객실이 있으며 현대적이고 도시적인 느낌으로 영국 역사에서 빼놓을 수 없는 명소 런던 탑과 매력적인 대조를 이룬다. 튜브역에서 나오자마자 호텔 정문이 보이기 때문에 교통 편의성에 있어서는 런던 최고라 할 수 있다. 객실의 조명, 블라인드, 커튼 등의 모든 설비를 아이패드로 쉽게 조종할 수 있으며 특히 투숙객의 기분에 따라 파티, 휴식 등 무드 조명을 바꾸어 켤 수 있어 다양한 분위기를 연출할 수 있다. 큰 창문 바로 옆에 붙어 있는 침대 배치 때문에 여느 호텔과 사뭇 다른 인테리어가 독특하고, 무료로 제공되는 영화 목록은 영화관 부럽지 않은 수준이다. 옥상 루프톱 바의 전망도 환상적이다. 넓은 로비 공간에는 카페와 편안한 서재, 작업 공간과 식당이 있어 하루 중 언제든 오래 머물며 편안히 일정을 계획하거나 함께 여행하는 사람들과 편안한 시간을 보낼 수 있다. 타워 오브 런던 지점 외에도 쇼디치와 강 건너편 뱅크사이드 지점도 있다.

 # 더 버몬지 스퀘어 호텔 THE BERMONDSEY SQUARE HOTEL

주소 Tower Bridge Road, SE1 3UN **위치** 버몬지(Bermondsey)역에서 도보 15분 **홈페이지** www.bermondseysquarehotel.co.uk **전화** 020-7378-2450

버러 마켓과 테이트 모던에서 그리 멀리 떨어지지 않은 한적한 버몬지Bermondsey에 자리한 80개 객실의 이 부티크 호텔은 강렬한 색으로 모던하게 꾸며져 멀리서부터 눈길을 끈다. 도시 여행자를 위한 군더더기 없는 세련된 인테리어와 바쁜 일정으로 지친 몸을 편히 쉬게 해 줄 조용한 위치, 친절하고 세심한 서비스와 버스와 튜브 모두 접근성이 좋아 부족함이 없다. BBC 프로그램 〈마스터 셰프MasterChef〉 진행자 그레그 월리스Gregg Wallace가 운영하는 레스토랑 그레그스 테이블Gregg's table 때문에 더욱 유명하기도 하다. 무료 무선 인터넷과 방 안에 갖추어진 각종 멀티미디어 기기와 잡지, 신문 서비스 등으로 비즈니스로 런던을 방문하는 사람들에게도 인기가 많다. 뷔페와 주문 메뉴를 동시에 즐길 수 있는 조식도 훌륭하다. 요즘 점점 개발되고 있는 지역이라 새로 생겨 나는 예쁜 카페들도 호텔 주변에서 쉽게 찾아볼 수 있다.

따뜻한 정과 맛있는 밥이 있는 **한인 민박**

한식을 먹을 수 있다는 것이 가장 큰 장점인 한인 민박에서는 식사뿐 아니라 말이 통하는 한국인 주인에게 런던 여행에 대한 여러 정보를 얻고 도움을 받을 수 있다. 뮤지컬 티켓 예매를 미리 부탁하거나 오이스터 카드 할인 구입, 공항 픽업 서비스나 담배로 숙박료 얼마를 할인받는 등 민박마다 혜택과 조건들이 다양하다. 포털 웹 사이트에서 다른 여행자들의 후기를 참고해서 비교한 후 선택하는 것이 좋다.

팡팡 민박

위치 킹스크로스(King's Cross)역 바로 뒤 **요금** 일반(6월 15일 ~8월 31일, 12월 15일~2월 15일): £45(믹스 도미토리), £45(5 인 여성 도미토리) **홈페이지** pangpangminbak.com **전화** 44-75141-89777 / **카카오톡** pangpanguk(영국)

영국 시민권자 주인이 예약부터 여행 일정까지 손님들에게 제공되는 모든 서비스를 책임감 있게 직접 관리해 런던 이 처음인 여행자들도 최고의 여행을 할 수 있도록 돕는 믿고 선택할 수 있는 숙소다. 큰 창 밖으로 보이는 정원 풍경이 아름답고 문을 닫으면 오롯이 혼자만의 공간이 생기는 방들로 구성된 '함께 또 따로' 분위기의 건물에 위치해 즐겁고 화목한 기숙사 분위기가 느껴진다. 머무는 동안 민박 주인과 메신저로 실시간 연락이 가능하며 로컬 맛집과 꼭 가볼 명소 등 현지인만 알 수 있는 고급 여행 정보를 무한히 제공받을 수 있다. 집밥처럼 정성스레 차려 내주는 조식은 따뜻하고 푸짐하며 특히 인기가 많은 것은 해외에서 좀처럼 보기 힘든 배추김치다. 지하 주방과 라운지 공간은 집처럼 편안해 함께 묵는 손님들이 자연스레 친해지고 즐거운 시간을 보낼 수 있다. 아침 일찍부터 샌드위치를 여러 개 만들어 문 앞에 쌓아 놓아 여행자들이 바쁜 일정 중에도 점심을 거르지 않도록 챙겨 주는 손길도 감동이다. 언제든 마음껏 끓여 먹을 수 있는 라면도 항상 쌓여 있다.

믿을 수 있는 이름으로 무한한 신뢰를 주는, 별 다섯 개가 반짝이는 런던 최고의 호텔들에서 특별한 밤을 보내자.

 더 리츠 런던 THE RITZ LONDON

주소 150 Piccadilly, W1J 9BR **위치** 그린 파크(Green Park)역에서 도보 1분 **홈페이지** www.theritzlondon.com **전화** 020-7493-8181

루이 16세 시대풍으로 꾸며진 더 리츠 런던을 빼놓고 런던의 럭셔리 호텔을 논할 수는 없다. 그린 파크역에서 내리면 바로 보이는 큼직한 리츠 로고는 최고급 호텔을 곧바로 연상케 한다. 133개의 우아한 객실과 스위트 중에서도 응접실, 의상실과 마스터 베드룸이 갖춰진 로열 스위트룸이 으뜸이다. 투숙객들 개개인에 맞춘 서비스는 체크아웃을 하고 나가며 기념 촬영을 하는 순간까지 이어진다. 웃음이 끊이지 않는 친절한 도어맨들만 보아도 리츠의 서비스를 가늠할 수 있다.

 더 보몬트 THE BEAUMONT

주소 8 Balderton Street, Brown Hart Gardens, W1K 6TF **위치** 본드 스트리트(Bond Street)역에서 도보 3분 **홈페이지** www.thebeaumont.com **전화** 020-7499-1001

울슬리Wolseley, 들로네Delaunay 등 런던 유수의 레스토랑들을 이끌고 있는 코빈 앤드 킹Corbin & King 그룹의 첫 호텔이다. 고급 호텔들이 모여 있는 메이페어에 자리한 73개 객실의 더 보몬트는 1920년대 아르데코풍의 호텔들에서 영감을 받은 클래식한 디자인으로 우아하게 꾸며졌다. 시내 한가운데에 있지만 조용한 광장에 있어 투숙객들은 주요 관광지와 가까우면서도 편안하고 안락한 시간을 보낼 수 있다.

호텔 41 HOTEL 41

주소 41 Buckingham Palace Road, SW1W 0PS **위치** 빅토리아(Victoria)역에서 도보 4분 **홈페이지** www.41hotel.com **전화** 020-7300-0041

조식부터 서비스의 다양한 면면으로 세계 유수 여행 매체들의 상을 휩쓸고 있는 화제의 호텔이다. 특히 천장을 모두 개방해 아낌없는 스낵을 제공하는 '플런더 더 팬트리Plunder the Pantry' 서비스가 인기가 많다. 객실에는 수제 매트리스가, 대리석 화장실에는 펜할리곤스Penhaligon's 어메니티가 구비돼 있다. 투숙객 1인당 스태프 2명이 할당돼 있으며 개인 기사 서비스, 24시간 버틀러 서비스 등 커스터마이징 서비스로 주목받는다.

2013년 문을 연 런던의 에이스 호텔Ace Hotel을 필두로 요즘 런던에는 단독 부티크 호텔들이 큰 인기를 끌고 있다. 고급스러우면서도 체인 호텔들보다 훨씬 작은 규모로 섬세한 서비스를 제공해 여유 있고 똑똑한 여행자들의 사랑을 듬뿍 받고 있다.

🛎 아티스트 레지던스 ARTIST RESIDENCE

주소 52 Cambridge Street, SW1V 4QQ **위치** 빅토리아(Victoria)역에서 도보 6분 **홈페이지** www.artistresidence.co.uk/our-hotels/london/ **전화** 020-3019-8610

2014년에 문을 연 객실 10개의 부티크 호텔로 2016년 세자르 올해의 런던 호텔상을 수상한 바 있다. 세련되고 아티스틱한 인테리어로 모든 객실이 개별적으로 개성이 눈에 띄어 매일 밤 방을 바꾸어 묵고 싶은 예쁜 호텔이다. 조용하고 깨끗한 부촌에 위치해 안전하고 빅토리아역과 도보로 5분 거리라 교통편도 편리하다.

더 런던 에디션 THE LONDON EDITION

주소 10 Berners Street, W1T 3NP **위치** 토트넘 코트 로드(Tottenham Court Road)역에서 도보 6분 **홈페이지**
www.editionhotels.com/london **전화** 020-7781-0000

원목 바닥과 우드 패널벽, 커스텀 가구와 헨드릭 커스텐스Hendrik Kerstens의 사진으로 꾸민 우아한 더 에
디션 호텔의 런던 지점으로, 프라이빗 요트를 콘셉트로 한 인테리어가 인상적이다. 2013년 문을 열고 꾸준
히 고급스러운 취향의 투숙객들의 사랑을 받아 왔다. 총 객실 수는 173개며 미슐랭 스타 셰프가 지휘하는
레스토랑과 로비, 바, 애프터눈 티를 위한 카페도 런던에서 손꼽힌다.

 더 네드 런던 THE NED LONDON

주소 27 Poultry, EC2R 8AJ **위치** 뱅크(Bank)역에서 도보 1분 **홈페이지** www.thened.com **전화** 020-3828-
2000

2017년 문을 열자마자 화제의 주인공이 된 더 네드 런던
은 수년간 버려져 있던 훌륭한 빌딩을 대대적으로 손보아
멋진 호텔로 탈바꿈한 럭셔리 호텔이다. 제임스 본드 영
화에도 등장했던 이 건물은 1920년대~30년대의 글래
머러스하고 고풍스러운 분위기를 그대로 살린 멋스러운
인테리어로 새단장했다. 파리의 비스트로와 뉴욕의 델리
에서 영감을 받은 레스토랑들과 24시간 영국식 레스토랑
도 갖추고 있으며 모든 객실의 면면을 각 공간에 최적화
된 아티스트와 협업해 꾸며 호텔 밖으로 나가는 것이 아
쉬울 정도다.

런 던
LONDON
부　　　록

여행 회화

교통수단

택시를 불러 주세요.	Taxi, please.
택시 정류장은 어디입니까?	Where is the taxi stand?
기차역까지 가 주세요.	To the train station, please.
이 주소로 가 주세요.	To this address, please.
여기서 세워 주세요.	Stop here, please.
국제공항까지 요금이 얼마입니까?	How much is it to the international airport?
요금은 얼마입니까?	What's the fare?
~로 갑시다.	To the ~, please.
얼마입니까?	How much is it?
여기 있습니다.	Here you are.

사진 촬영

당신 사진을 찍어도 될까요?	May I take your picture?
저랑 같이 찍을래요?	Do you want to take a picture with me?
죄송하지만 셔터 좀 눌러 주세요.	Excuse me, but can you take a photo for me, please?

호텔

지금 체크인을 할 수 있나요?	Can I check in now?
체크아웃 시간은 몇 시입니까?	When is the checkout time?
귀중품을 맡아 주시겠어요?	Can I leave my valuables with you?
맡긴 짐을 찾고 싶은데요?	May I have my baggage back?
세탁 서비스가 있습니까?	Do you have laundry service?
모닝콜 서비스를 받을 수 있나요?	Can I get a wake-up call service?
지금 체크아웃을 하고 싶습니다.	I'd like to check out now, please.

음식점

이것으로 먹겠어요.	I'll have this one.
추천할 만한 요리가 무엇입니까?	What would you recommend?
이것은 무슨 요리인가요?	What kind of dish is this?
아이스티가 있나요?	Do you have ice-tea?
커피 주세요.	I'll have coffee, please.
계산서를 주세요.	Can I have the bill, please.

쇼핑

그냥 둘러보고 있는 중입니다.	Just looking. (Thank You.)
입어 봐도(신어 봐도) 될까요?	Can I try it on?
시계 좀 볼 수 있나요?	Can I see some watches?
다른 물건 좀 보여 주세요.	Show me another one, please.
너무 큽니다(작습니다).	It's too big(small).
이것으로 하겠습니다.	I'll take this one.
이것을 사겠어요.	I'll buy this.

영어 메일로 레스토랑 예약하기

런던의 고급 레스토랑은 예약을 하고 가는 것이 좋다. 전화 예약이 가장 편리하지만 영어에 자신이 없다면 전화보다는 메일을 주고 받는 것이 쉽다. 영어로 메일을 보내는 양식은 별도로 없고, 영어 문법이 조금 틀리더라도 정확한 내용만 전하면 된다. 아래의 샘플을 이용해 보자. 이메일로 예약을 하는 경우에는 담당자가 특별한 할인을 해 주는 경우도 있다.

Dear [레스토랑명]

My name is Gina Maeng, from South Korea.
I am planning to visit London and I would like to have lunch (또는 dinner-저녁, afternoon tea set-애프터눈 티 세트) at your place on September 24th. I would like to make a reservation to your restaurant. Please refer to the information as written below.

Name : Gina Maeng
Contact No. : +82-10-0924-0924(현지에서 연락 가능한 전화번호가 아니라면 적지 않는다)
Date : September 24th
Time : 19:30
Number of persons : 2 person
Remarks : It's my birthday and I would prefer sitting on the terrace seat.
(내 생일입니다. 노천 테이블에 앉고 싶습니다)
Please get back to me via email to confirm the reservation.
(이메일로 예약 확인을 컨펌해 주십시오)

Best Regards,
Gina Maeng

크리스마스, 연말연시 등의 기간이 아니라면 어렵지 않게 예약 확정Confirmation email을 받을 수 있으며, 레스토랑에 따라 예약 번호Reservation No.를 알려 주는 경우도 있다. 대부분 예약 확정 메일과 함께 예약 시간이 지나면 몇 분 후 예약이 자동적으로 취소된다는 안내를 받을 수 있으니 반드시 확인하자.

찾아보기

LONDON 런던
튜브 및 기차 노선도

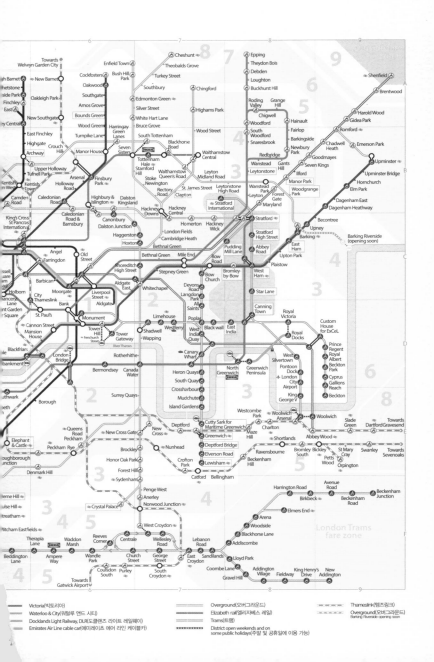

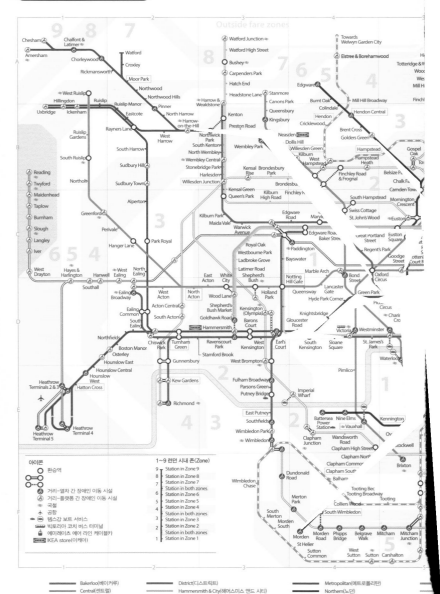